高职高专"十三五"规划教材

辽宁省能源装备智能制造高水平特色专业群建设成果系列教材

王 辉 主编

机械制图

张 慧 王 楠 吴明川 编

化学工业出版社
·北京·

内 容 简 介

本书涵盖 7 个整体项目、28 个整体任务及近百个子任务，主要内容包括：机械制图基本知识、投影基础、组合体识读与绘图、机件表达方法、标准零件的识读与绘图、典型零件的识读与绘图、装配图的识读与绘图等。本书以图学基本理论为主线，注重对学生空间想象能力、绘图表达能力和工匠精神培养，内容由浅入深、图文并茂，便于学习。

本书可作为高等职业院校机械制造、数控技术、机械维修、机电一体化等机械类和近机械类专业学生的教材，还可供有关工程技术人员阅读使用。

图书在版编目（CIP）数据

机械制图/张慧，王楠，吴明川编.—北京：化学工业出版社，2020.9（2023.8 重印）

高职高专"十三五"规划教材 辽宁省能源装备智能制造高水平特色专业群建设成果系列教材

ISBN 978-7-122-37186-7

Ⅰ.①机… Ⅱ.①张… ②王…③吴… Ⅲ.①机械制图-高等职业教育-教材 Ⅳ.①TH126

中国版本图书馆 CIP 数据核字（2020）第 097681 号

责任编辑：满悦芝 丁文璇 　　　　　　装帧设计：张 辉
责任校对：边 涛

出版发行：化学工业出版社（北京市东城区青年湖南街 13 号 邮政编码 100011）
印　　装：北京科印技术咨询服务有限公司数码印刷分部
787mm×1092mm 1/16 印张 14¾ 字数 361 千字 2023 年 8 月北京第 1 版第 3 次印刷

购书咨询：010-64518888 　　　　　　售后服务：010-64518899
网　　址：http://www.cip.com.cn
凡购买本书，如有缺损质量问题，本社销售中心负责调换。

定　　价：49.80 元

辽宁省能源装备智能制造高水平特色专业群
建设成果系列教材编写人员

主　　编：王　辉

副主编：段艳超　孙　伟　尤建祥

编　　委：孙宏伟　李树波　魏孔鹏　张洪雷

张　慧　黄清学　张忠哲　高　建

李正任　陈　军　李金良　刘　馥

前言

党的二十大报告指出"用社会主义核心价值观铸魂育人，完善思想政治工作体系，推进大中小学思想政治教育一体化建设。""机械制图"是机械类高等职业院校学生进入学校后最先接触的专业基础课程，它既有基本系统理论，又有较强实践性，是学生进入职业学习后培养分析问题和解决问题能力的衔接，也是形成良好岗位习惯的关键。本书内容特别注重立德树人的理念，培养学生工匠精神、协同合作意识与奉献精神，以实现育人与育才相结合的目标。为此，我们结合学校项目化教学改革经验，以德国"双元"教学理念为助力，从岗位工作对高等职业技术技能型人才的要求入手，通过对课程知识进行筛选，以职业能力及岗位素质的培养为目标，构建了以项目教学为分区，任务载体为引领的教材形式。

本书按照 80～120 学时编写，将知识点分为七个项目，分别是机械制图的基本知识、投影基础、组合体识读与绘图、机件表达方法、标准件与常用件的识图与绘图、典型零件图的识读与绘图、装配图识读与绘图。本书既保留传统教材知识的系统性，也将项目化教学改革的优势融入其中，使学生学而有章，教师教而有法。另在每个项目下，还根据知识点设计了学习任务，充分体现职业教育强调的教、学、做一体化，让学生带着目标、问题开展学习，从实践进入，到理论探析，再从实践走出。

本书由盘锦职业技术学院张慧（项目五～项目七）、王楠（项目三、项目四、附录）、吴明川（项目一、项目二）编写，刘馥副教授、杨艳春副教授审阅。在本书的编写过程中，参考借鉴了国内许多同类教材，在此一并表示衷心的感谢。由于编者水平有限，书中难免有不妥之处，恳请同行专家和读者批评指正。

编者

2020 年 5 月

目录

项目七 装配图识读与绘图

附　录

参考文献

项目一　机械制图的基本知识

【项目导读】　"机械制图"是研究机械图样的一门课程，也是工程技术人员表达设计思想，进行技术交流的工具。它是工程界通用的技术语言，因此必须有统一的标准和规范。国家标准《技术制图》和《机械制图》是工程界重要的技术基础标准，也是绘制和阅读机械图样的准则和依据。掌握机械制图的基本知识与技能，是培养绘图和看图能力的基础。

我国的国家标准（简称"国标"）代号为"GB"。"G""B"分别是"国标"两个字汉语拼音的第一个字母。"GB"是国家强制性标准；"GB/T"是国家推荐标准（"T"表示是推荐标准）。例如，在标准代号"GB/T 14689—2008"中，"GB/T"称为"推荐性国家标准"，"14689"表示标准顺序号，"2008"是标准批准的年份。

本项目主要介绍常用绘图工具的使用，国家标准《技术制图》与《机械制图》中的基本规定、几何作图方法、平面图画法和徒手绘图方法，为今后的学习打下基础。

任务 1.1　认识国家标准

引导问题

• 《技术制图》与《机械制图》对哪些项目进行了规定？

• 国家标准在机械制图中有什么意义？

【任务导入】

练习使用绘图工具，按照国家标准《技术制图》与《机械制图》有关图纸幅面及格式、比例、字体、图线的规定完成绘图练习。

【知识链接】

1.1.1　图纸幅面及格式

1.1.1.1　图纸幅面

图纸宽度与长度组成的图面，称为图纸幅面（GB/T 14689—2008）。为了使图纸幅面统一，便于装订和保管，符合缩微复印原件的要求，规定了五种基本幅面。绘制工程图时，应优先采用如表 1-1-1 所示的基本幅面。必要时允许选用加长幅面，其尺寸必须由基本幅面的短边成整数倍数增加后得出。

表 1-1-1　基本幅面及图框尺寸

mm

幅面代号	A0	A1	A2	A3	A4
短边×长边 $B×L$	841×1189	594×841	420×594	297×420	210×297
无装订边的留边宽度 e	20			10	
有装订边的留边宽度 c	10			5	
装订边的宽度 a	25				

1.1.1.2　图框格式

图框是图纸上限定绘图区域的线框。在图纸上必须用粗实线画出图框。其格式分为不留装订边和留有装订边两种，如图 1-1-1 和图 1-1-2 所示。但同一产品中所有图样应采用同一种格式。需要装订的图样，边框有 a 和 c 两种尺寸；不需要装订的图样，边框只有一种尺寸 e，a、c、e 的尺寸见表 1-1-1。装订时，一般采用 A4 幅面竖装或 A3 幅面横装。

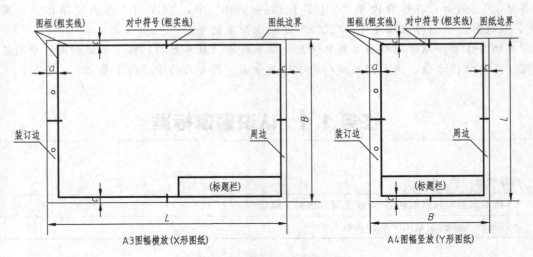

图 1-1-1　留装订边的图框格式

1.1.2　标题栏

为使绘制的图样便于管理及查阅，每张图都必须有标题栏。GB/T 10609.1—2008《技术制图 标题栏》对标题栏的内容、格式和尺寸作了规定。

标题栏应位于图框的右下角，看图的方向与看标题栏的方向一致。国家标准规定的标题栏格式如图 1-1-3 所示。为了方便，在学习本课程作图时，可采用如图 1-1-4 所示的简化标题栏。简化标题栏里面的格线是细实线，标题栏外框是粗实线。其右边和底边与图框线重合。

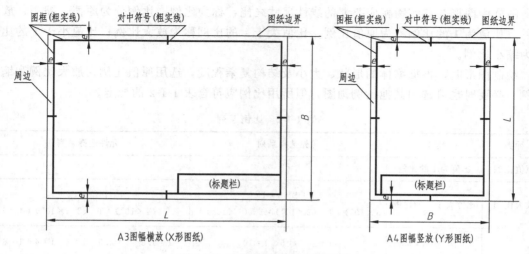

图 1-1-2　不留装订边的图框格式

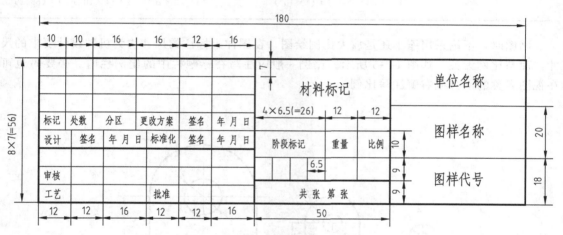

图 1-1-3　国家标准规定的标题栏

系　班				比例		材料	
制图	姓　名	学号	作业名称	数量			
设计				质量			
审核				共张第张			

图 1-1-4　简化标题栏

1.1.3　比例

GB/T14690—1993《技术制图 比例》对比例的定义、种类及比例在图样中的标注方法作了具体规定。

图样中图形与其实物相应要素的线性尺寸之比，称为比例。比例分为原值、缩小、放大三种。比值为 1 的比例称为原值比例；比值大于 1 的比例称为放大比例；比值小于 1 的比例称为缩小比例。

绘制图形时，根据物体的形状、大小及结构复杂程度，选用原值比例、放大比例和缩小比例。必要时也可选用其他比例画图，但所用比例应符合表 1-1-2 的规定。

表 1-1-2　比例系列

种类	定义	优先选择系列	允许选择系列
原值比例	比值为 1 的比例	1：1	—
放大比例	比值大于 1 的比例	5：1　2：1 (5×10^n)：1　(2×10^n)：1　(1×10^n)：1	4：1　2.5：1 (4×10^n)：1　(2.5×10^n)：1
缩小比例	比值小于 1 的比例	1：2　1：5　1：10 1：(2×10^n)　1：(5×10^n) 1：(1×10^n)	1：1.5　1：2.5　1：3　1：4　1：6 1：(1.5×10^n)　1：(2.5×10^n) 1：(3×10^n)　1：(4×10^n)　1：(6×10^n)

画图时，不论采用缩小还是放大比例绘图，在图样上标注的尺寸均为机件设计要求的尺寸，而与比例无关，如图 1-1-5 所示。比例一般应注写在标题栏中的比例栏内。必要时也可在视图名称的下方或右侧注写比例。

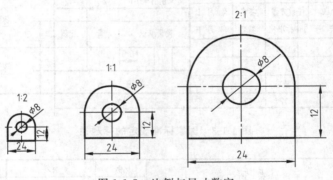

图 1-1-5　比例与尺寸数字

1.1.4　字体

GB/T 14691—1993《技术制图 字体》规定了汉字、拉丁字母、数字的书写要求及示例。

1.1.4.1　基本要求

① 字体的高度（用 h 表示）代表字体的号数，如 7 号字的高度为 7mm。字体高度的公称尺寸系列为：1.8mm，2.5mm，3.5mm，5mm，7mm，10mm，14mm，20mm，共 8 种。汉字的字高不能小于 3.5mm，字宽一般为字高的 0.7 倍。

② 汉字应采用长仿宋体，并应采用国家正式公布的简化字。书写长仿宋体字的要领是：横平竖直、注意起落、结构匀称、填满方格。

③ 字母和数字有直体和斜体两种形式，斜体字的字头向右侧倾斜，与水平线约成 75°。

字母和数字分为 A 型和 B 型两类，A 型字体的笔画宽度 d 为字高 h 的 1/14；B 型字体的笔画宽度 d 为字高 h 的 1/10，即 B 型字体比 A 型字体的笔画要粗一点。在同一张图样上，只允许选用一种形式的字体。

1.1.4.2 字体示例

表 1-1-3 是汉字、字母和数字的示例。

表 1-1-3 汉字、字母和数字的示例

字 体		示 例
长仿宋体汉字	5 号	字体工整 笔画清楚 间隔均匀 排列整齐
	3.5 号	学好机械制图，培养和发展空间想象能力
拉丁字母	大写斜体	*ABCDEFGHIJKLMNOPQRSTUVWXYZ*
	小写斜体	*abcdefghijklmnopqrstuvwxyz*
阿拉伯数字	斜体	*1234567890*
	正体	1234567890
字体应用示例		10JS5 (±0.003) M24-6h R8 10^3 S^{-1} 5% D_1 T_d 380kPa m/kg $\phi20^{+0.010}_{-0.023}$ $\phi25\frac{H6}{f5}$ $\frac{II}{1:2}$ $\frac{3}{5}$ $\frac{A}{5:1}$ $\sqrt{}$ $Ra6.3$ 460 r/min 220V

1.1.5 图线

图线是组成图形的基本要素，由点、短间隔、画、长画、间隔等线素构成。GB/T 4457.4—2002《机械制图 图样画法 图线》规定了机械制图的九种基本线型以及各种图线在机械图样上的应用和图线的画法等，如表 1-1-4 所示。

表 1-1-4 机械图样中的线型及其应用

图线名称	线型	图线宽度	一般应用举例
粗实线	————————	d	可见轮廓线 可见棱边线
细实线	————————	$d/2$	重合断面的轮廓线；过渡线；尺寸线及尺寸界线；剖面线
波浪线	∼∼∼∼∼∼	$d/2$	断裂处的边界线 视图和剖视图的分界线
双折线	─┐─┐─┐─	$d/2$	断裂处的边界线 视图和剖视图的分界线
细虚线	– – – – – –	$d/2$	不可见轮廓线 不可见棱边线
粗虚线	▬ ▬ ▬ ▬	d	允许表面处理的表示线

图线名称	线型	图线宽度	一般应用举例
细点画线	—·—·—·—·—·—	$d/2$	轴线；对称中心线
粗点画线	▬·▬·▬·▬·▬	d	限定范围表示线
细双点画线	—··—··—··—	$d/2$	相邻辅助零件的轮廓线 可动零件的极限位置的轮廓线 轨迹线；中断线

机械图样中采用粗、细两种线宽，它们之间的比例为 2：1。所有线型的图线宽度 d 的推荐系列（mm）为 0.13，0.18，0.25，0.35，0.5，0.7，1.0，1.4，2。粗线一般用 0.5mm 或 0.7mm，细线宽度用 0.25mm 或 0.35mm。图线画法注意事项（图 1-1-6）为：

① 在同一张图纸上，同类图线的宽度应基本一致。虚线、点画线、双点画线的线段长度和间隔，应各自大致相等。

② 点画线首末两端应是线段而不是短画。

③ 绘制圆的对称中心线时，圆心应在线段与线段的相交处，细点画线应超出圆的轮廓线约 3mm。当所绘圆的直径较小，画点画线有困难时，细点画线可用细实线代替。

④ 细虚线、细点画线与其他图线相交时，都应以线段相交。当细虚线处于粗实线的延长线上时，细虚线与粗实线之间应有空隙。

⑤ 各种图线的优先次序：可见轮廓线，不可见轮廓线，尺寸线，各种用途的细实线，轴线、对称线。图 1-1-7 所示是图线应用示例。

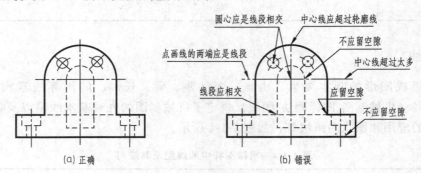

图 1-1-6　图线的正确画法

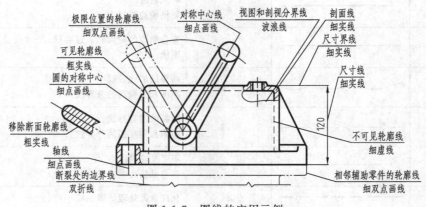

图 1-1-7　图线的应用示例

记一记

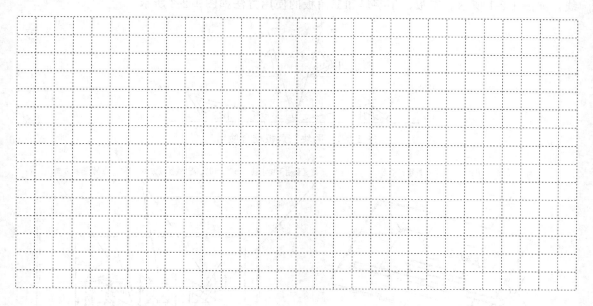

任务 1.2 准备绘图工具

引导问题

• 手工绘制机械图样过程中,常用到哪些制图工具?

• 是否掌握了绘图工具的使用方法和技巧?

【任务导入】

正确地使用和维护绘图工具,是保证绘图质量和提高绘图速度的一个重要方法,必须养成正确使用、维护绘图工具的良好习惯。

【知识链接】

1.2.1 图板、丁字尺和三角板

1.2.1.1 图板

图板是用来铺放、固定图纸的,要求其表面平整,左边用作导边,必须平直光滑。图板的规格有 0 号、1 号、2 号。

1.2.1.2 丁字尺

丁字尺主要用来画水平线。由尺头和尺身组成。画图时,应使尺头紧靠着图板左侧的导边。用左手推动丁字尺上、下移动,自左向右画出一系列水平线。

1.2.1.3 三角板

一副三角板有两块,分别是 45°和 30°、60°的三角板,可以和丁字尺配合画垂直线和

45°、30°、60°的倾斜线，也可以用两块三角板画与水平线成 15°、75°、105°、165°的倾斜线，如图 1-2-1 所示。图板、丁字尺和三角板的使用方法如图 1-2-2 所示。

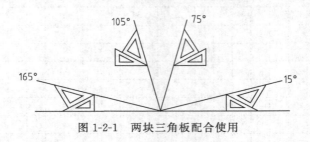

图 1-2-1　两块三角板配合使用

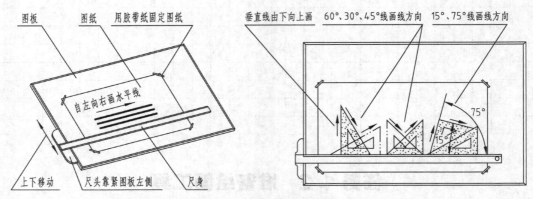

图 1-2-2　丁字尺和三角板的使用方法

1.2.2　圆规和分规

1.2.2.1　圆规

圆规是用来画圆或圆弧的工具。圆规的一个脚上装有钢针，称为针脚，用来定圆心；另一个脚具有肘形关节，可装铅芯，也称为笔脚。根据画图需要，也可以装鸭嘴插脚或延伸插杆等。

为了画出各种图线，铅芯有各种不同的硬度和形状。在使用前，应先调整针脚，使针尖略长于铅芯，笔脚上的铅芯应削成楔形，以便画出粗细均匀的圆弧。加深圆弧时用的铅芯，一般要比画粗实线的铅芯软一些，铅芯的削法如图 1-2-3 所示。圆规的用法如图 1-2-4 所示。

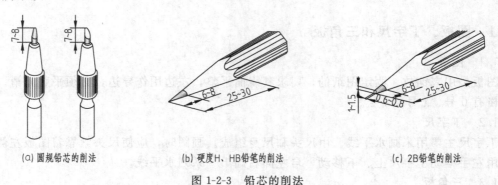

(a) 圆规铅芯的削法　　　(b) 硬度H、HB铅笔的削法　　　(c) 2B铅笔的削法

图 1-2-3　铅芯的削法

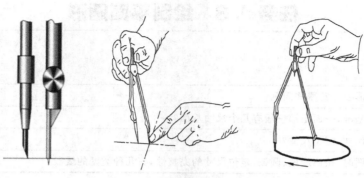

图 1-2-4　圆规的用法

1.2.2.2 分规

分规是用来量取尺寸和等分线段或圆周的工具。分规的两脚均安装有钢针，当两脚的针尖并拢后，应能对齐。分规用法如图 1-2-5 所示。

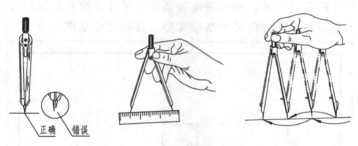

正确　错误

图 1-2-5　分规的用法

记一记

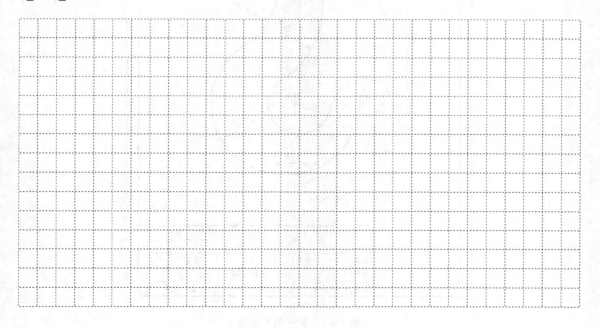

任务 1.3 绘制平面图形

- 绘制平面图形要注意哪些问题?

- 什么是尺寸基准,平面图形一般有几个尺寸基准?

- 什么是定形尺寸、定位尺寸?

- 在绘制平面图时,按照线段(圆弧)定位尺寸的完整性,有几种类型的线段?

【任务导入】

认真识读钩子的平面图(图 1-3-1),分析图形中的尺寸及其连接,按照国家标准要求抄绘钩子的平面图。要求:

① 分析钩子平面图中的尺寸,并列举哪些是定形尺寸,哪些是定位尺寸。

② 找出钩子平面图的水平方向尺寸基准和竖直方向尺寸基准。

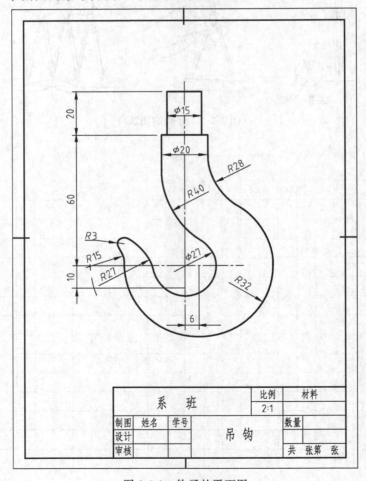

图 1-3-1　钩子的平面图

③ 做出绘图计划，详细说明绘制钩子平面图的过程。

④ 按任务要求按 1∶1 比例，完成钩子的 A4 图样。

【知识链接】

1.3.1 几何作图

零件和装配体的轮廓是由直线、圆、圆弧和其他曲线组成的几何图形。因此，熟练地掌握几何图形的基本作图方法，将有利于识读和绘制机械图样。下面介绍几种常见几何图形的作图方法。

1.3.1.1 等分作图

直线、圆周等分的作图方法如表 1-3-1 所示。

表 1-3-1　直线、圆周等分作图

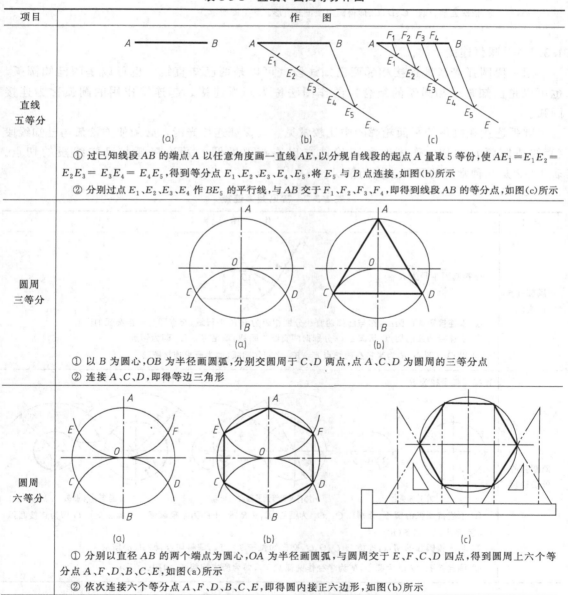

项目	作　　图
直线五等分	① 过已知线段 AB 的端点 A 以任意角度画一直线 AE，以分规自线段的起点 A 量取 5 等份，使 $AE_1=E_1E_2=E_2E_3=E_3E_4=E_4E_5$，得到等分点 E_1、E_2、E_3、E_4、E_5，将 E_5 与 B 点连接，如图(b)所示 ② 分别过点 E_1、E_2、E_3、E_4 作 BE_5 的平行线，与 AB 交于 F_1、F_2、F_3、F_4，即得到线段 AB 的等分点，如图(c)所示
圆周三等分	① 以 B 为圆心，OB 为半径画圆弧，分别交圆周于 C、D 两点，点 A、C、D 为圆周的三等分点 ② 连接 A、C、D，即得等边三角形
圆周六等分	① 分别以直径 AB 的两个端点为圆心，OA 为半径画圆弧，与圆周交于 E、F、C、D 四点，得到圆周上六个等分点 A、F、D、B、C、E，如图(a)所示 ② 依次连接六个等分点 A、F、D、B、C、E，即得圆内接正六边形，如图(b)所示

项目	作　图
圆周 五等分	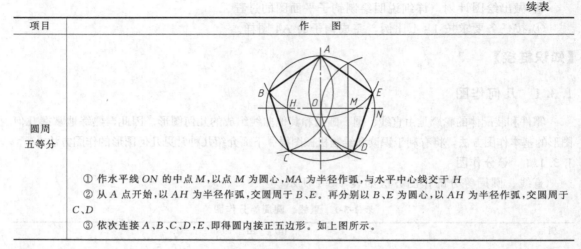 ① 作水平线 ON 的中点 M，以点 M 为圆心，MA 为半径作弧，与水平中心线交于 H ② 从 A 点开始，以 AH 为半径作弧，交圆周于 B、E。再分别以 B、E 为圆心，以 AH 为半径作弧，交圆周于 C、D ③ 依次连接 A、B、C、D、E，即得圆内接正五边形。如上图所示。

1.3.1.2　圆弧连接

用一段圆弧光滑地连接相邻两已知线段（可以是两已知直线，也可以是两已知圆弧，也可以是已知直线和圆弧的组合）的作图法称为圆弧连接。起连接作用的圆弧称为连接圆弧。

圆弧连接在机件的平面轮廓图中比较常见，要保证连接光滑，必须使连接弧与已知线段（直线或圆弧）相切。作图时须正确地求出连接弧的圆心及连接弧与已知线段的切点。表 1-3-2 是几种常见的圆弧连接的情况。

表 1-3-2　常见圆弧连接

项目	作　图
用圆弧连接 两直线	连接圆弧半径为 R ① 求连接圆弧的圆心：作与已知两直线分别相距为 R 的平行线，交点即为连接圆弧的圆心 ② 求连接圆弧的切点：从圆心 O 分别向两直线作垂线，垂足 K_1、K_2 即为切点 ③ 以 O 为圆心，R 为半径在两切点 K_1、K_2 之间作圆弧，即为所求连接圆弧
两圆弧的 外切连接	连接圆弧半径为 R (a) 已知条件　　(b) 求连接圆弧圆心、切点　　(c) 绘制连接圆弧 ① 求连接圆弧的圆心：分别以 O_1、O_2 为圆心，R_1+R、R_2+R 为半径画弧，两圆弧交点 O 即为连接圆弧（半径 R）圆心，如图(b) ② 求连接圆弧的切点：连接 O_1O、O_2O，交已知弧于 T_1、T_2，即得切点，如图(b)所示 ③ 画连接弧：以 O 为圆心，R 为半径作圆弧 $\overset{\frown}{T_1T_2}$，即为所求连接弧，如图(c)所示

项目	作 图
两圆弧的内切连接	连接圆弧半径为 R 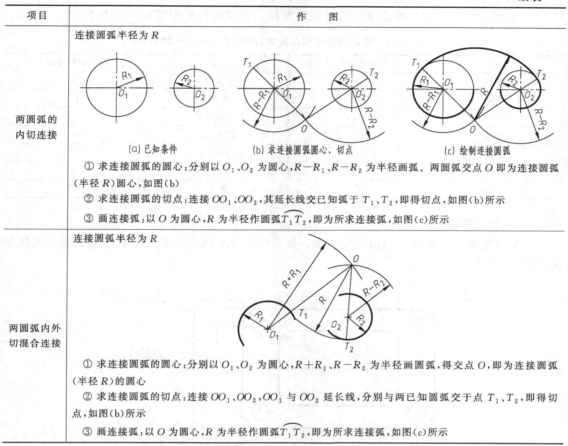 (a) 已知条件　　　(b) 求连接圆弧圆心、切点　　　(c) 绘制连接圆弧 ① 求连接圆弧的圆心:分别以 O_1、O_2 为圆心,$R-R_1$、$R-R_2$ 为半径画弧。两圆弧交点 O 即为连接圆弧(半径 R)圆心,如图(b) ② 求连接圆弧的切点:连接 OO_1、OO_2,其延长线交已知弧于 T_1、T_2,即得切点,如图(b)所示 ③ 画连接弧:以 O 为圆心,R 为半径作圆弧 $\overparen{T_1 T_2}$,即为所求连接弧,如图(c)所示
两圆弧内外切混合连接	连接圆弧半径为 R ① 求连接圆弧的圆心:分别以 O_1、O_2 为圆心,$R+R_1$、$R-R_2$ 为半径画圆弧,得交点 O,即为连接圆弧(半径 R)的圆心 ② 求连接圆弧的切点:连接 OO_1、OO_2,OO_1 与 OO_2 延长线,分别与两已知圆弧交于点 T_1、T_2,即得切点,如图(b)所示 ③ 画连接弧:以 O 为圆心,R 为半径作圆弧 $\overparen{T_1 T_2}$,即为所求连接弧,如图(c)所示

1.3.2 尺寸标注

1.3.2.1 标注尺寸的基本规则

图样中的图形只能表示机件的形状及结构。而机件大小是由标注的尺寸决定的。表达机件真实大小或其组成部分之间相对位置的数据称为尺寸,主要包括线性尺寸和角度尺寸。

尺寸是图样中的重要内容之一,是制造机件的直接依据。在标注尺寸时,必须严格遵守国家标准的有关规定,做到正确、完整、清晰。

正确:尺寸标注应符合国家标准的规定。

完整:标注的尺寸要能完全、准确、唯一地确定出物体的形状、大小及相对位置等,不遗漏,不重复,尺寸不多也不少。

清晰:尺寸标注便于看图,并使图面清晰美观。

基本规则如下:

① 机件的真实大小应以图样上所标注的尺寸数值为依据,与图形的大小及绘图的准确度无关。

② 图样中的尺寸以毫米为单位时,不需标注计量单位的代号或名称,如采用其他单位,则必须注明相应的计量单位的代号或名称。

③ 图样中所标注的尺寸,为该图样所示机件的最后完工尺寸,否则应另加说明。

④ 机件的每一尺寸，在图样上一般只标注一次，并标注在反映该结构最清晰的图形上。

⑤ 标注尺寸时，应尽可能使用符号或缩写词。常用的符号和缩写词见表 1-3-3。

表 1-3-3　常用的符号和缩写词（GB/T 4458.4—2003）

含义	符号或缩写词	含义	符号或缩写词
直径	ϕ	正方形	□
半径	R	深度	↓
球直径	$S\phi$	沉孔或锪孔	⊔
球半径	SR	埋头孔	∨
厚度	t	弧长	⌒
均布	EQS	斜度	∠
45°倒角	C	锥度	◁

1.3.2.2　尺寸的组成

　　一个完整的尺寸标注，是由尺寸界线、尺寸线、尺寸线终端和尺寸数字组成的。标注示例如图 1-3-2 所示。

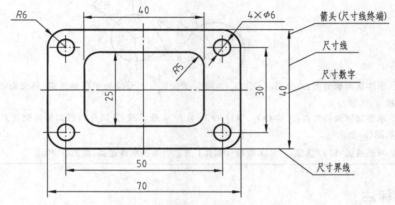

图 1-3-2　尺寸组成及其标注示例

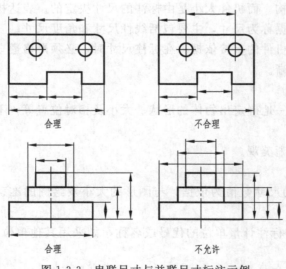

图 1-3-3　串联尺寸与并联尺寸标注示例

（1）尺寸界线

尺寸界线用于表示所注尺寸的范围，一般用细实线绘制，从图形中的轮廓线、轴线或中心线引出，并与尺寸线垂直。尽量引画在图形外，并超出尺寸线末端约 2～3mm。

（2）尺寸线

用于表示尺寸度量的方向，用细实线绘制在尺寸界线之间。

线性尺寸的尺寸线应与所标注的线段平行。相互平行的尺寸线，串联尺寸，箭头对齐，即应注在一条直线上。并联尺寸，大尺寸在外，小尺寸在内，以避免尺寸界线与尺寸线相交，如图 1-3-3 所示。

平行尺寸线间的间距尽量保持一致，一般约为 5～10mm。尺寸界线超出尺寸线 2～3mm。尺寸线应单独画出，不能用其他图线代替，也不得与其他图线重合或画在其延长线上，如图 1-3-4 所示。

（3）尺寸线终端

尺寸线终端用于表示尺寸的起止。在机械图样中，一般采用箭头，箭头的形式如图 1-3-5 所示，其中箭头的不正确画法，在绘制图样时应尽量避免。

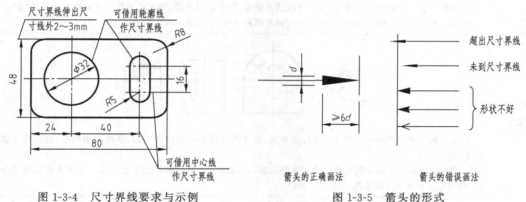

图 1-3-4　尺寸界线要求与示例　　　　图 1-3-5　箭头的形式

（4）尺寸数字

尺寸数字是表示物体真实大小的尺寸数值。水平方向尺寸数字一般应注写在尺寸线的中间上方，字头朝上；垂直方向的尺寸数字应注写在尺寸线的左侧，字头朝左；倾斜方向的尺寸数字，应保持字头向上的趋势，并尽量避免在与竖直方向偏左30°范围内标注尺寸，当无法避免时，允许按图 1-3-6（b）所示形式标注。

尺寸数字不能被任何图线通过，否则要将图线断开，如图 1-3-7 所示。

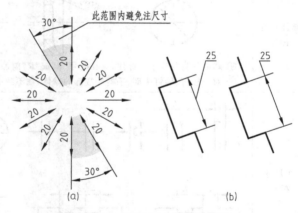

图 1-3-6　线性尺寸数字的方向

1.3.2.3　常用尺寸注法

机械图样中常见尺寸注法举例如表 1-3-4 所示。

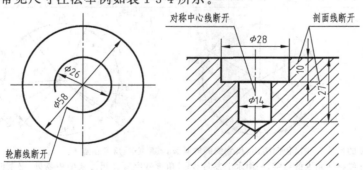

图 1-3-7　尺寸数字不可被图线通过

表 1-3-4 常见尺寸注法举例

内容	图例及说明

圆尺寸标注

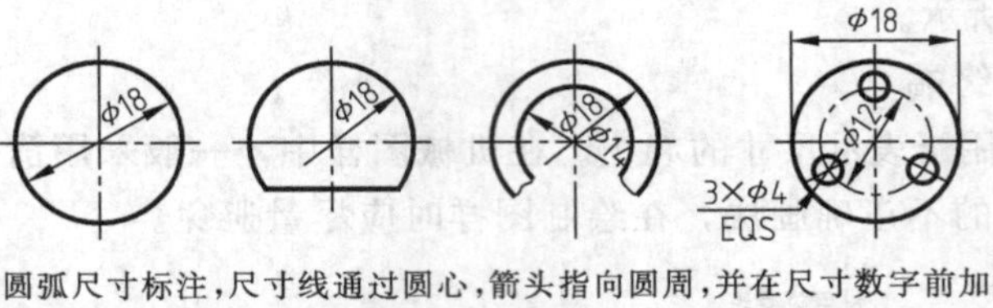

① 圆和大于半圆的圆弧尺寸标注,尺寸线通过圆心,箭头指向圆周,并在尺寸数字前加注直径符号"ϕ"
② 标注大于半圆的圆弧直径,其尺寸线应画至略超过圆心,只在一端指向圆弧

圆弧尺寸标注

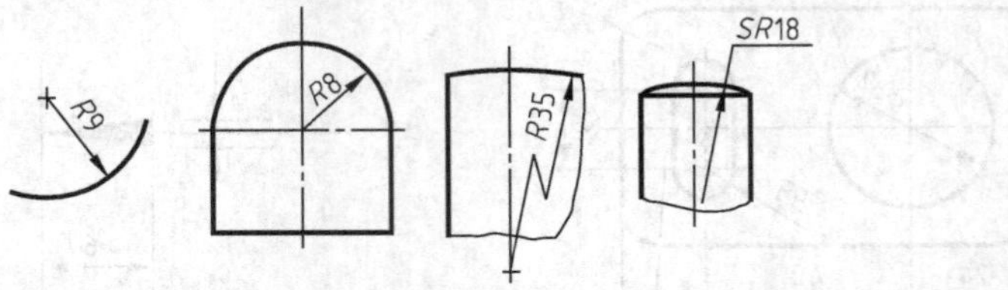

① 小于和等于半圆的圆弧尺寸一般标注半径,尺寸线从圆心引出指向圆弧,终端画出箭头,并在尺寸数字前加注符号"R"
② 当圆弧半径过大或在图纸范围内无法标出圆心位置时,可采用折线的形式标注。当不需标出圆心位置时,则尺寸线只画靠近箭头的一段

球体尺寸标注

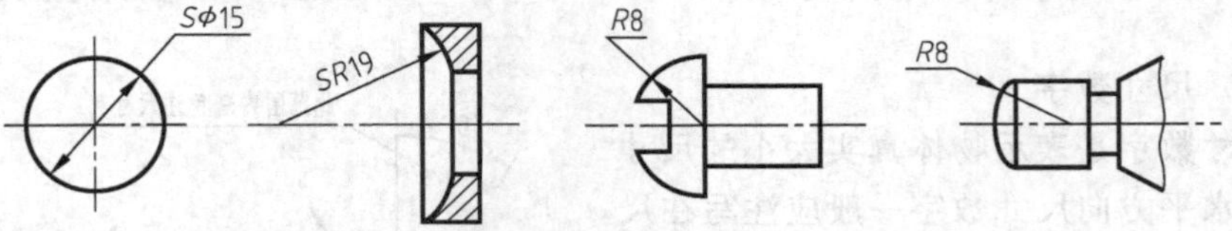

① 球面的直径或半径标注,应在符号"ϕ"或"R"前加注符号"S"
② 对于螺钉、铆钉头部、手柄等端部的球体,在不致引起误解时,可省略符号"S"

小尺寸标注

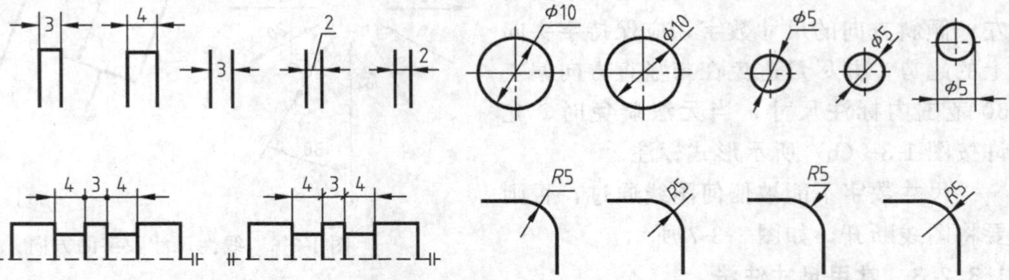

① 在没有足够的位置画箭头或注写数字时,允许用圆点或斜线代替箭头,但最外两端箭头仍应画出
② 当直径或半径尺寸较小时,箭头和数字都可以布置在圆弧的外面

角度尺寸标注

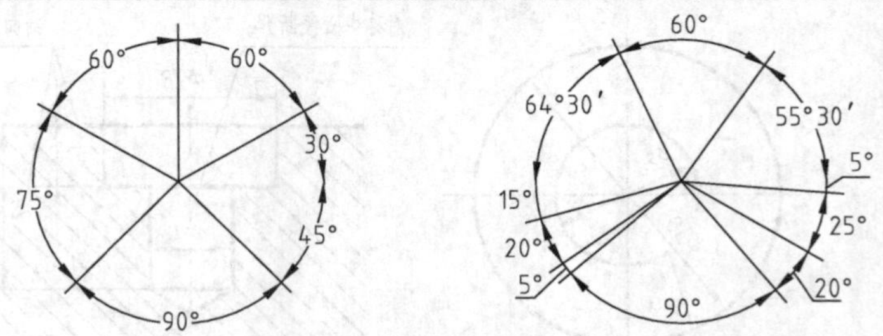

① 角度的尺寸界线沿径向引出,尺寸线画成圆弧,其圆心是角度顶点
② 尺寸线标注角度的数字,一律水平方向书写,角度数字写在尺寸线的中断处,必要时允许注写在尺寸线的上方、外侧或引出标注

内容	图例及说明
对称图形的标注	正确注法：36, 4×φ4, φ10, 22, 14, R4, 对称符号, 44　　错误注法：18, 2×φ4, R5, 22, 11, 7, 7, 2×R4, 22 ① 对于对称图形，应把尺寸标注为对称分布 ② 当对称图形只画出一半或略大于一半时，尺寸线应略超过对称线或断裂处的边界线，此时仅在尺寸线的一端画出箭头
弦长或弧长的标注	20, ⌒21, 28, ⌒460, R160, 140 ① 标注弦长或弧长时，其尺寸界线均应平行于该弦的垂直平分线（弧长的尺寸线画圆弧） ② 当弧度较大时，也可沿径向引出标注

1.3.2.4　简化注法

机械图样中常见简化注法举例如表 1-3-5 所示。

表 1-3-5　常见简化注法举例

内容	图例及说明
尺寸终端的简化注法	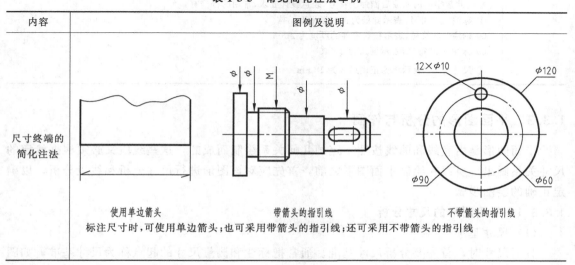 使用单边箭头　　　带箭头的指引线　　　不带箭头的指引线 标注尺寸时，可使用单边箭头；也可采用带箭头的指引线；还可采用不带箭头的指引线

内容	图例及说明
同心圆弧的简化注法	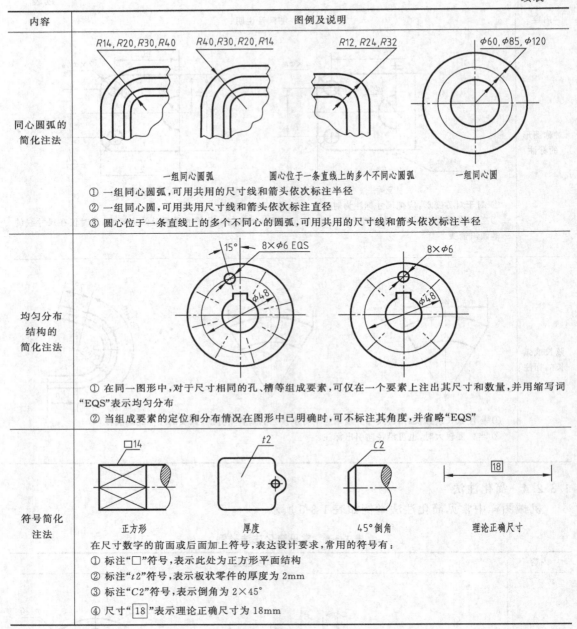 一组同心圆弧　　　　圆心位于一条直线上的多个不同心圆弧　　　　一组同心圆 ① 一组同心圆弧,可用共用的尺寸线和箭头依次标注半径 ② 一组同心圆,可用共用尺寸线和箭头依次标注直径 ③ 圆心位于一条直线上的多个不同心的圆弧,可用共用的尺寸线和箭头依次标注半径
均匀分布结构的简化注法	① 在同一图形中,对于尺寸相同的孔、槽等组成要素,可仅在一个要素上注出其尺寸和数量,并用缩写词"EQS"表示均匀分布 ② 当组成要素的定位和分布情况在图形中已明确时,可不标注其角度,并省略"EQS"
符号简化注法	正方形　　　　厚度　　　　45°倒角　　　　理论正确尺寸 在尺寸数字的前面或后面加上符号,表达设计要求,常用的符号有: ① 标注"□"符号,表示此处为正方形平面结构 ② 标注"$t2$"符号,表示板状零件的厚度为 2mm ③ 标注"$C2$"符号,表示倒角为 2×45° ④ 尺寸"18"表示理论正确尺寸为 18mm

1.3.3 平面图形的分析与作图

平面图形是由直线和曲线按照一定的几何关系绘制而成的,这些线段又必须根据给定的尺寸关系画出,所以在绘制平面图形之前,首先应对该图形进行尺寸分析和线段分析,以确定正确的绘图步骤。

1.3.3.1 平面图形的尺寸分析

（1）尺寸基准

分析尺寸时,首先要分析尺寸基准。通常把标注和测量尺寸的起点称为尺寸基准,如图形的对称轴线、较大圆的中心线、图形轮廓线，常作为尺寸基准。

平面图形具有长和高两个坐标方向的尺寸，每个方向至少要有一个尺寸基准。尺寸基准也常是画图的基准。画图时，要从尺寸基准开始画。如图 1-3-8 所示，吊钩平面图中 $\phi27$ 圆弧的中心线是尺寸基准。

（2）尺寸分类

平面图形中的尺寸，按其作用可分为两类：定形尺寸和定位尺寸。

① 定形尺寸：确定平面图形几何元素形状大小的尺寸称为定形尺寸，如圆的直径、圆弧半径、多边形边长、角度大小等。图 1-3-8 中 $\phi15$、$\phi20$、$\phi27$、$R32$、$R3$、$R28$、$R40$ 等，均属定形尺寸。

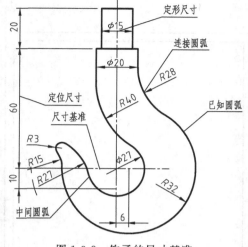

图 1-3-8　钩子的尺寸基准

② 定位尺寸：确定几何元素尺寸基准之间相对位置的尺寸称为定位尺寸。如确定圆或圆弧的圆心位置、直线段位置的尺寸等。图 1-3-8 中的尺寸 6 是确定 $R32$ 的圆心位置尺寸。

注意：有的尺寸具有双重作用，既是定形尺寸，又是定位尺寸。如图 1-3-8 中的 20 既是 $\phi15$ 圆柱的定形尺寸，又是 $\phi20$ 圆柱的定位尺寸。

1.3.3.2　平面图形的线段分析

平面图形中的线段（直线或圆弧），根据其定位尺寸的完整与否，可分为已知线段、中间线段和连接线段三种。

（1）已知线段

已知线段是定形尺寸、定位尺寸全部已知的线段，可根据标注的尺寸直接绘出，如图 1-3-8 所示中的 $\phi27$、$R32$ 等。

（2）中间线段

中间线段是只有定形尺寸和一个定位尺寸的线段。作图时必须根据该线段与相邻已知线段的几何关系，通过几何作图的方法求出，如图 1-3-8 所示中的 $R27$。

（3）连接线段

连接线段是只有定形尺寸，没有定位尺寸的线段。其定位尺寸需根据与线段相邻的两线段的几何关系，通过几何作图的方法求出，如图 1-3-8 所示中的 $R3$、$R28$、$R40$。

在绘制平面图形时，先要进行线段分析，以确定各线段之间的连接关系。通常先画作图基准线和已知线段，其次画中间线段，最后画连接线段。

1.3.3.3　吊钩平面图形的绘图方法

（1）准备工作

准备好绘图工具与仪器，分析平面图形的尺寸及线段，拟定作图步骤，如图 1-3-9（a）。

① 确定比例（2：1）。

② 选择图幅（A4 竖放）。

③ 固定图纸。

④ 画出图框、对中符号和标题栏。

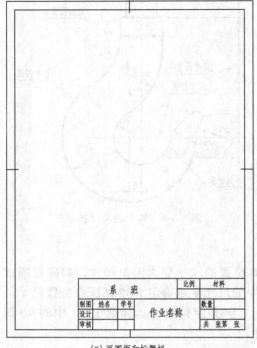

表班 | 比例 | 材料
制图 | 姓名 | 学号 | 作业名称 | 数量
设计 | | |
审核 | | | 共 张第 张

(a) 画图框和标题栏

比例 | 材料
表班
制图 | 姓名 | 学号 | 作业名称 | 数量
设计 | | |
审核 | | | 共 张第 张

(b) 画出作图基准线

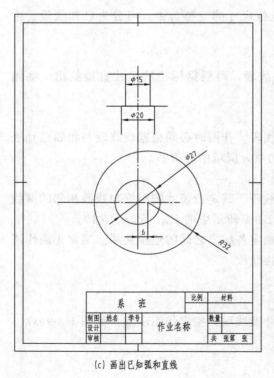

表班 | 比例 | 材料
制图 | 姓名 | 学号 | 作业名称 | 数量
设计 | | |
审核 | | | 共 张第 张

(c) 画出已知弧和直线

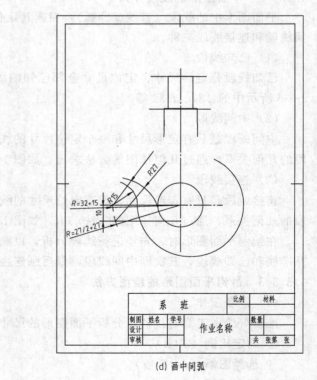

表班 | 比例 | 材料
制图 | 姓名 | 学号 | 作业名称 | 数量
设计 | | |
审核 | | | 共 张第 张

(d) 画中间弧

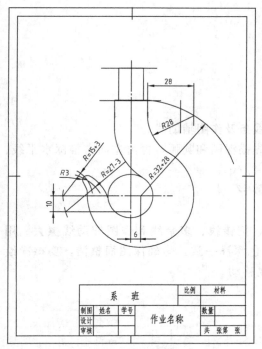

(e) 画出连接弧 R3、R28

(f) 画出连接弧 R40

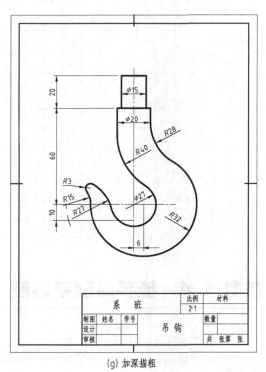

(g) 加深描粗

图 1-3-9 吊钩的画图步骤

（2）画底稿

用 HB 铅笔完成底稿，如图 1-3-9(b)～(f)。

① 合理、均匀地布图，画出基准线。

② 画已知弧和直线。

③ 画中间弧。

④ 画连接弧。

（3）加深描粗

① 检查并清理底稿，修正错误，擦去画错的线条及作图辅助线。

② 描深加粗底稿，要按线型要求描深底稿，先描深圆和圆弧，再由左向右描深水平线、由上而下描深垂直线，最后描深倾斜线，如图 1-3-9（g）。

③ 依次画出尺寸界线、尺寸线、箭头，填写数字。

④ 填写标题栏和其他说明。

绘图时要注意，描深前必须先全面检查底稿，把错线、多余线和作图辅助线擦去。用 2B 铅笔描深图线时，用力要均匀，以保证图线墨色深浅一致。为确保图面整洁，要擦净绘图工具，并尽量减少三角板在已加深的图线上反复移动。

记一记

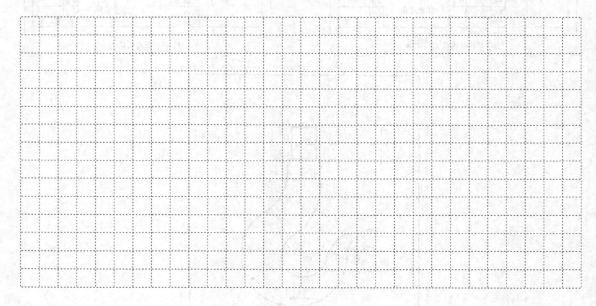

任务 1.4　徒手绘制平面图

引导问题

• 徒手绘图在工程上有什么意义？

• 在生产现场没有尺规的帮助下，用什么方法可以尽可能使图形画的准确、接近实际？

【任务导入】

认真识读图 1-4-1，分析图形中的尺寸及其连接关系，徒手绘制平面图形。

【知识链接】

在设计、测绘、修配机器时，需要绘制草图。依靠目测来估计物体各部分的尺寸比例，徒手绘制的图样称为草图。草图是工程技术人员交流、记录、构思、创作的工具，绘制草图是工程技术人员必须掌握的一项基本技能。

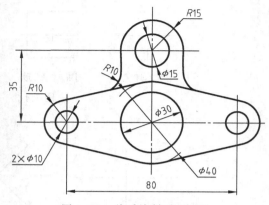

图 1-4-1　徒手绘制平面图形

绘制草图的基本要求是：画线要稳，图线要清晰，目测尺寸要准，各部分比例要均匀，绘图速度要快。

1.4.1　直线的画法

徒手画直线时握笔的手要放松，用手腕抵着纸面，沿着画线方向移动。眼睛要瞄着线段的终点。画出的直线大体上近似直线。

画水平线时，图纸可放斜一点，不要将图纸固定死，以便可随时转动图纸到最顺手的位置。画垂直线时，自上而下运笔。画斜线时最好将图纸转动到适宜的运笔角度，可自左向右下，或自右向左下画出。短直线应一笔画出，长直线则可分段相接而成。如图 1-4-2 所示为画水平线、垂直线和倾斜线的手势。

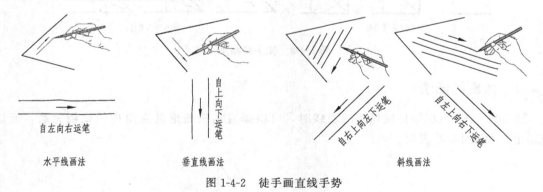

图 1-4-2　徒手画直线手势

1.4.2　圆的画法

画圆时，应先定出圆心的位置，过圆心画出互相垂直的两条中心线，再在中心线上按半径大小目测定出四个点。

画小圆时，分两半画成。或过四点先作正方形，再作内切的四段圆弧，如图 1-4-3 所示。

画直径较大的圆时，可过圆心加画一对十字线，按半径大小，目测定出八点，然后依次连点画出，如图 1-4-4 所示。

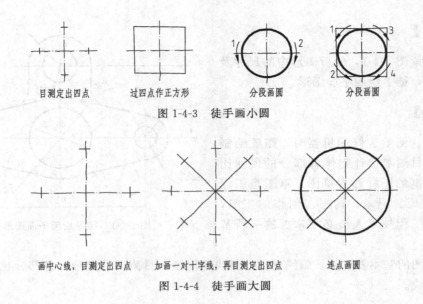

图 1-4-3　徒手画小圆

目测定出四点　　　过四点作正方形　　　分段画圆　　　分段画圆

画中心线，目测定出四点　　　加画一对十字线，再目测定出四点　　　连点画圆

图 1-4-4　徒手画大圆

1.4.3　圆角的画法

画圆角时，首先根据圆角半径的大小，将直线相交后作角平分线，在角平分线上定出圆心位置，使其与角两边的距离等于圆角半径。过圆心向角两边引垂线，定出圆弧的起点和终点，同时在角平分线上定出圆弧上的一点，最后徒手把三点连成圆弧，如图 1-4-5 所示。

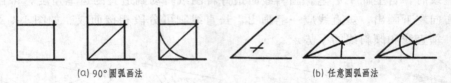

(a) 90°圆弧画法　　　　　　　　(b) 任意圆弧画法

图 1-4-5　徒手画圆角

1.4.4　角度的画法

画 30°、45°、60°等特殊角度的斜线时，可根据直角三角形两直角边的比例关系，近似地画出，如图 1-4-6 所示。

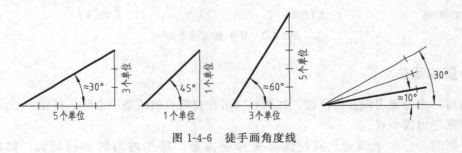

≈30°　3个单位　5个单位　　45°　1个单位　1个单位　　≈60°　5个单位　3个单位　　30°　≈10°

图 1-4-6　徒手画角度线

1.4.5　椭圆的画法

画椭圆时，先用细点画线画椭圆长轴、短轴；再确定四点，画出一个矩形；最后徒

手作椭圆与此矩形相切。也可以先画出椭圆的外切菱形，然后画出与菱形相切的椭圆，如图 1-4-7 所示。

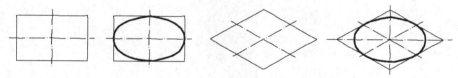

图 1-4-7　徒手画椭圆

　　徒手绘制平面图形时，与使用尺、规作图时一样，要进行尺寸分析和线段分析，先画已知线段，再画中间线段，最后画连接线段。在方格纸上画平面图形时，主要轮廓线和定位中心线应尽可能利用方格纸上的线条，图形各部分之间的比例可按方格纸上的格数来确定。

记一记

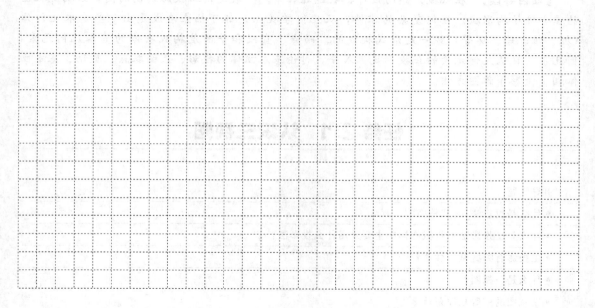

项目二　投影基础

【项目导读】　在机械产品的设计、制造过程中，一般是用正投影绘制的图样来确定机器的零部件结构形状。任何复杂的零件，从几何学观点，都可抽象看成是由一些基本几何体（柱、锥、球、环等）经一定形式构成的。而点、直线和平面是构成物体的基本几何元素，因此本项目从几何元素的正投影规律入手，讨论基本立体的投影、表面取点、截切、基本立体相贯投影等作图方法。

任务 2.1　认识三视图

引导问题

* 什么是投影法，有几种类型？
* 什么是正投影法？机械图样中主要采用什么投影法？
* 正投影有哪些基本性质？
* 什么是三视图？
* 三视图的三等规律是什么？
* 三视图各反映了物体的哪些方位？

【任务导入】

根据图 2-1-1，识读三视图的对应关系和投影规律：
① 投射方向与视图名称。
② 视图所反映物体的方位关系。
③ 视图间的三等关系。

【知识链接】

2.1.1　投影法

在日常生活中，太阳光或灯光照射物体时，在地面或墙壁上会出现物体的影子，这个影

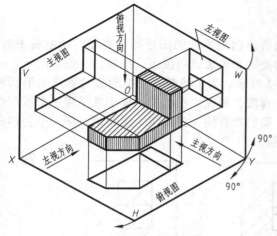

图 2-1-1　三视图形成及关系

子只能反映物体的轮廓，却无法表达物体的形状和大小。但是影子和物体之间存在一定的几何关系，这就是投影法的由来。把光线称为投射线（或叫投影线），地面或墙壁称为投影面，影子称为物体在投影面上的投影。这种投射线通过物体向选定的面投射，并在该面上得到图形的方法，称为投影法，如图 2-1-2 所示。

根据投射线之间的相互位置关系，可分为中心投影法（投射线汇交一点）和平行投影法（投射线相互平行）。根据投射线与投影面的相对位置（垂直或倾斜），平行投影法又分为正投影法和斜投影法，如图 2-1-3 所示。

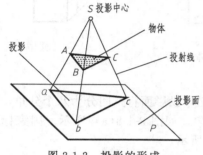

图 2-1-2　投影的形成

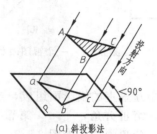

图 2-1-3　平行投影法

由于正投影法容易表达空间物体的形状和大小，度量性好，作图简便，所以在工程上应用最广。机械工程图样多采用正投影法绘制，正投影法是机械制图的理论基础。

2.1.2　正投影的基本性质

根据直线或平面与投影的相对位置关系，正投影具有以下特性：

① 真实性：平面（直线）平行于投影面，投影反映实形（实长），这种性质称为真实性，如图 2-1-4。

② 积聚性：平面（直线）垂直于投影面，投影积聚成直线（一点），这种性质称为积聚性，如图 2-1-5。

③ 类似性：平面（直线）倾斜于投影面，投影变小（短），这种性质称为类似性，如图 2-1-6。

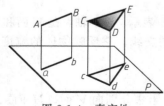

图 2-1-4　真实性

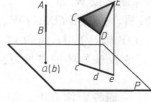

图 2-1-5　积聚性

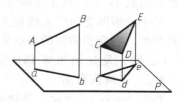

图 2-1-6　类似性

2.1.3 三视图

　　根据国家标准规定，机械图样按正投影法所绘制出物体的图形称为视图。绘制视图时，可见的棱线和轮廓线用粗实线绘制，不可见的棱线和轮廓线用细虚线绘制。一般情况下，一个视图不能完整地表达物体的形状，如图 2-1-7 所示。为了清楚、完整地表达物体的形状和大小，必须增加由不同投影方向所得到的几个视图。因此，在机械图样中常采用三个及三个以上不同方向的投影来表示一个物体的形状，我们把在同一张图纸上绘制的、同一个物体的三个不同方向的投影所获得的视图称为三视图。

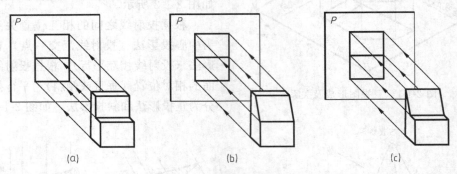

图 2-1-7　一个视图表示不同物体

2.1.3.1　三投影面体系

　　三投影面体系由三个相互垂直的投影面组成，这三个投影面将空间分为八个分角，分别为：第Ⅰ分角，第Ⅱ分角，第Ⅲ分角，……，第Ⅷ分角，如图 2-1-8(a) 所示。国家标准规定，技术制图优先采用第一分角画法，如图 2-1-8(b) 所示。

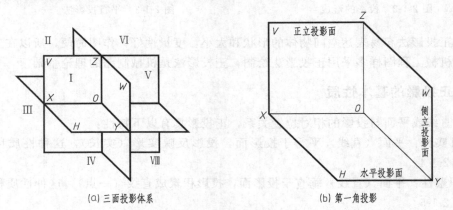

图 2-1-8　三面投影体系

　　第一分角画法的三个投影面分别为：正立投影面，简称正面或 V 面；水平投影面，简称水平面或 H 面；侧立投影面，简称侧面或 W 面。

　　三个投影面之间的交线称为投影轴，分别用 OX、OY、OZ 表示。OX 轴，是 V 面和 H 面的交线，它反映物体的长度方向；OY 轴，是 H 面和 W 面的交线，它反映物体的宽度方向；OZ 轴，是 V 面和 W 面的交线，它反映物体的高度方向。

2.1.3.2　三视图形成

　　如图 2-1-9(a) 所示，将物体置于三面投影体系中，按正投影法分别向 V 面、H 面、W 面进行投影，即可得到物体的三面视图，分别称为：

主视图——由前向后投射，在 V 面上得到的视图；

俯视图——由上向下投射，在 H 面上得到的视图；

左视图——由左向右投射，在 W 面上得到的视图。

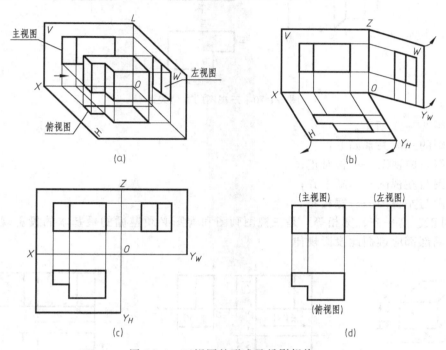

图 2-1-9　三视图的形成及投影规律

为了画图方便，需将相互垂直的三个投影面展开并摊平在同一平面上，如图 2-1-9（b）所示。展开方法是：V 面保持不动，H 面绕 OX 轴向下旋转 90°，W 面绕 OZ 轴向右旋转 90°，使 H 面、W 面与 V 面在同一平面上。在旋转过程中，将 OY 轴一分为二，在 H 面上的称为 OY_H，在 W 面上的称为 OY_W。展开后的三面视图，如图 2-1-9（c）所示。注意：正式的机械图样不需要画出投影轴和表示投影面的边框，视图按上述位置布置时，也不需注出视图名称，如图 2-1-9（d）所示。

2.1.3.3　三视图投影规律

（1）位置关系

以主视图为主，俯视图在主视图的正下方，左视图在主视图的正右方。画三视图时，其位置应按上述规定配置，如图 2-1-9（d）所示。

（2）方位关系

所谓方位关系，指的是以绘图（或看图）者面对物体正面（前面）观察物体，物体的上、下、左、右、前、后六个方位在三视图中的对应关系，如图 2-1-10 所示。

主视图反映了物体的上、下和左、右；

俯视图反映了物体的前、后和左、右；

左视图反映了物体的前、后和上、下。

（3）三等关系

物体左右方向（X 方向）的尺度称为长，上下方向（Z 方向）的尺度称为高，前后方向（Y 方向）的尺度称为宽。在三视图上，主、俯视图的水平方向反映了物体的长度，主、左视图的垂直方向反映了物体的高度，俯视图的垂直方向和左视图的水平方向反映了物体的

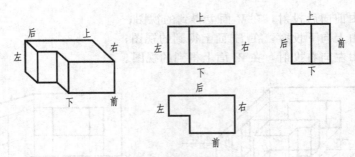

图 2-1-10 三视图的方位关系

宽度，如图 2-1-11 所示。

三视图的三等关系如下：

主视图与俯视图——长对正；

主视图与左视图——高平齐；

俯视图与左视图——宽相等。

"长对正、高平齐、宽相等"是三视图画图和看图必须遵循的最基本的投影规律，物体的整体或局部都应遵循此投影规律。

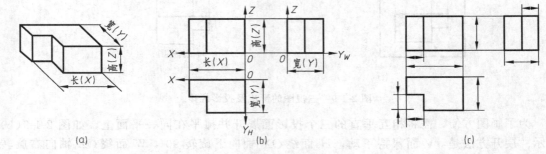

图 2-1-11 三视图的三等关系

记一记

任务2.2 识读立体上的点、线、面三视图

引导问题

• 点的投影规律如何？

• 直线的投影如何确定？按直线与投影面的位置关系有哪些类直线？

• 平面的投影如何确定？按平面与投影面的位置关系有哪些类平面？

【任务导入】

根据图2-2-1给出的平面立体轴测图及其三面投影图，分析给定的点、线、面的投影：

① 在可见的直线中，说出哪些是正垂线，哪些是铅垂线，哪些是侧垂线，分别找出这些投影面垂直线的三面投影，并归纳总结它们的投影规律。

② 在可见的直线中，说出哪些是正平线，哪些是水平线，哪些是侧平线，分别找出这些投影面平行线的三面投影，并归纳总结它们的投影规律。

③ 在可见的直线中，说出哪些是一般位置直线，并找出它们的投影规律。

④ 在可见的平面中，说出哪些是正平面、哪些是水平面，哪些是侧平面，分别找出这些投影面平行面的三面投影，并归纳总结它们的投影规律。

⑤ 在可见的平面中，说出哪些是正垂面，哪些是铅垂面，哪些是侧垂面，分别找出这些投影面垂直面的三面投影，并归纳总结它们的投影规律。

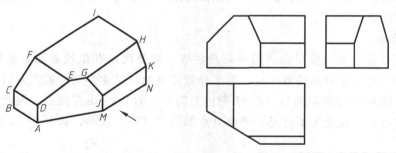

图2-2-1 立体上的点、线、面投影

【知识链接】

2.2.1 点的三面投影

2.2.1.1 直角坐标系中的点

将点 A 放在三投影面体系中，分别向 V 面、H 面、W 面作正投影，得到点 A 的正面、水平面、侧面投影。空间物体要素用大写字母表示，H 面投影用同名小写字母表示，V 面投影在小写字母上加注"'"，W 面投影在小写字母上加注"''"，如图2-2-2（a）所示，空间点 A 的三面投影分别为 a、a'、a''。

2.2.1.2 点的三面投影图

将投影面体系展开，去掉投影面的边框，保留投影轴，便得到点 A 的三面投影图。如图 2-2-2(b)、(c) 所示。

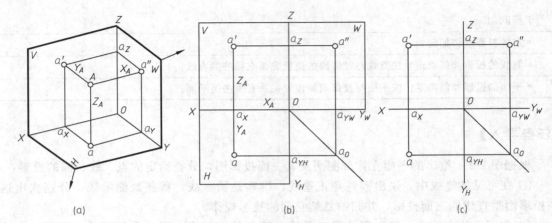

图 2-2-2 点在三投影面体系中的投影

2.2.1.3 点的投影规律

① 点 A 的 V 面投影和 H 面投影的连线垂直于 OX 轴，即 $a'a \perp OX$。

② 点 A 的 V 面投影和 W 面投影的连线垂直于 OZ 轴，即 $a'a'' \perp OZ$。

③ 点 A 的 H 面投影到 OX 轴的距离等于点 A 的 W 面投影到 OZ 轴的距离，即 $aa_X = a''a_Z$。

根据点的投影规律，可由点的三个坐标值画出其三面投影图。也可以根据点的两个投影作出点的第三投影。

2.2.1.4 重影点

当空间两点位于某一投影面的同一条投射线，则此两点在该投影面上的投影重合为一点，此两点称为对该投影面的重影点。为区分重影点的可见性，规定观察方向与投影面的投射方向一致，即对 V 面由前向后，对 H 面由上向下，对 W 面由左向右。因此，距观察者近的点的投影为可见，反之为不可见，不可见点加注 "（）" 表示，如图 2-2-3 所示。

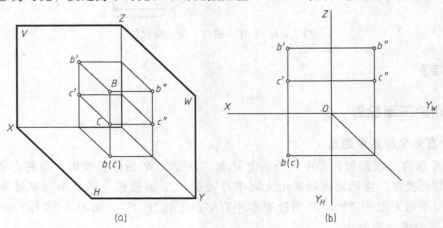

图 2-2-3 重影点的可见性

2.2.2 直线的三面投影

2.2.2.1 投影面内的直线

空间一直线的投影可由直线上的两点（通常取线段两个端点）的同面投影来确定。

2.2.2.2 直线的投影特性

按照直线对三投影面的相对位置，可以将直线分为三种：投影面平行线、投影面垂直线、一般位置直线。

（1）投影面平行线

平行于一个投影面，与另两个投影面倾斜的直线，即为投影面平行线。其投影图和投影特性如表 2-2-1 所示。

表 2-2-1 投影面平行线的投影特性

名称	水平线（AB//H 面）	正平线（CD//V 面）	侧平线（EF//W 面）
立体图			
投影图			
投影特性	① 其水平面投影反映实长，与 OX、OY_H 的夹角，分别是对面 V、W 的真实倾角 β、γ ② 正面投影 $a'b'$//OX 轴，侧面投影 $a''b''$//OY_W 轴，且小于实长	① 其正面投影反映实长，与 OX、OZ 的夹角，分别是对面 H、面 W 的真实倾角 α、γ ② 水平面投影 cd//OX 轴，侧面投影 $c''d''$//OZ 轴，且小于实长	① 其侧面投影反映实长，与 OZ、OY_W 的夹角，分别是对面 V、H 的真实倾角 β、α ② 正面投影 $e'f''$//OZ 轴，水平面投影 ef//OY_H 轴，且小于实长
	① 直线在所平行的投影面上的投影，均反映实长 ② 其他两面投影平行于相应的投影轴 ③ 反映实长的投影与投影轴所夹的角度，等于空间直线对相应投影面的倾角		

（2）投影面垂直线

垂直于一个投影面，平行于另两个投影面的直线，即为投影面垂直线。其投影图和投影特性如表 2-2-2 所示。

表 2-2-2　投影面垂直线的投影特性

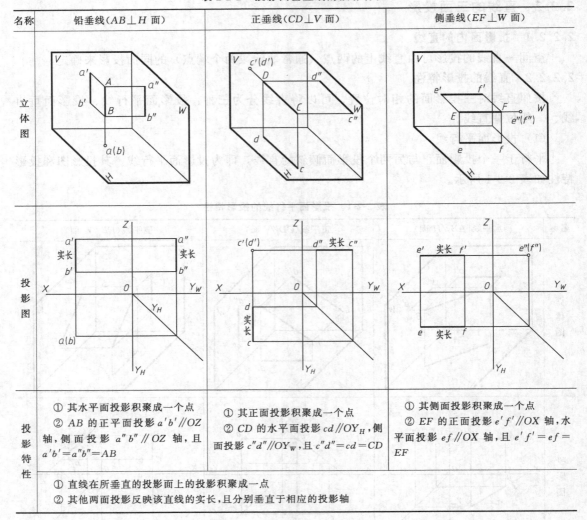

名称	铅垂线（$AB \perp H$ 面）	正垂线（$CD \perp V$ 面）	侧垂线（$EF \perp W$ 面）
立体图			
投影图			
投影特性	① 其水平面投影积聚成一个点 ② AB 的正平面投影 $a'b' \parallel OZ$ 轴，侧面投影 $a''b'' \parallel OZ$ 轴，且 $a'b'=a''b''=AB$	① 其正面投影积聚成一个点 ② CD 的水平面投影 $cd \parallel OY_H$，侧面投影 $c''d'' \parallel OY_W$，且 $c''d''=cd=CD$	① 其侧面投影积聚成一个点 ② EF 的正面投影 $e'f' \parallel OX$ 轴，水平面投影 $ef \parallel OX$ 轴，且 $e'f'=ef=EF$
	① 直线在所垂直的投影面上的投影积聚成一点 ② 其他两面投影反映该直线的实长，且分别垂直于相应的投影轴		

（3）一般位置直线

与三投影面都倾斜的直线，称为一般位置直线，如图 2-2-4 所示，它的投影特性为：

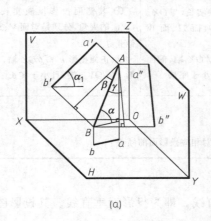

（a）

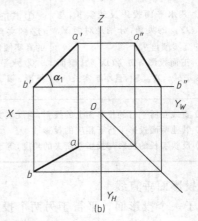

（b）

图 2-2-4　一般位置直线投影特性

① 三面投影都倾斜于投影轴。

② 投影长度均比实长短,且不能反映与投影面倾角的真实大小。

2.2.3 平面的三面投影

2.2.3.1 投影面内的平面

不属于同一直线的三点可确定一平面。因此,平面可以用图 2-2-5 中几何要素的投影来表示。在投影图中,常用平面图形来表示空间的平面。

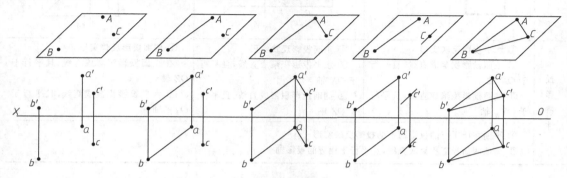

图 2-2-5 平面的表示方法

2.2.3.2 平面的投影特性

空间平面在三面投影体系中,根据对三个投影面的相对位置,可分为投影面平行面、投影面垂直面和一般位置平面三种。前两种平面也称为特殊位置平面。

（1）投影面平行面

平行于一个投影面,垂直于另外两个投影面的平面,称为投影面平行面。投影面平行面又可分为三种,如表 2-2-3 所示,平行于 H 面的平面称为水平面;平行于 V 面的平面称为正平面;平行于 W 面的平面称为侧平面。

表 2-2-3 投影面平行面投影特性

名称	水平面	正平面	侧平面
实例			
轴测图			

名称	水平面	正平面	侧平面
投影	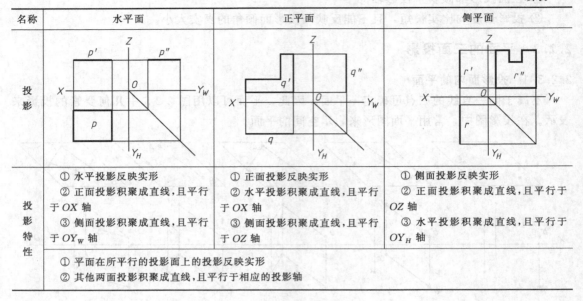		
投影特性	① 水平投影反映实形 ② 正面投影积聚成直线，且平行于 OX 轴 ③ 侧面投影积聚成直线，且平行于 OY_W 轴	① 正面投影反映实形 ② 水平投影积聚成直线，且平行于 OX 轴 ③ 侧面投影积聚成直线，且平行于 OZ 轴	① 侧面投影反映实形 ② 正面投影积聚成直线，且平行于 OZ 轴 ③ 水平投影积聚成直线，且平行于 OY_H 轴
	① 平面在所平行的投影面上的投影反映实形 ② 其他两面投影积聚成直线，且平行于相应的投影轴		

（2）投影面垂直面

垂直于一个投影面而倾斜于其他两个投影面的平面，称为投影面垂直面。投影面垂直面又可分为三种，如表 2-2-4 所示，垂直于 H 面的平面称为铅垂面；垂直于 V 面的平面称为正垂面；垂直于 W 面的平面称为侧垂面。

表 2-2-4　投影面垂直面投影特性

名称	铅垂面	正垂面	侧垂面
实例			
轴测图			
投影			

名称	铅垂面	正垂面	侧垂面
投影特性	① 水平投影积聚成直线,与 OX、OY_H 的夹角 β、γ,等于平面对 V、W 面的倾角 ② 正面投影和侧面投影为原形的类似形	① 正面投影积聚成直线,与 OX、OZ 的夹角 α、γ,等于平面对 H、W 面的倾角 ② 水平面投影和侧面投影为原形的类似形	① 侧面投影积聚成直线,与 OY_W、OZ 的夹角 α、β,等于平面对 H、V 面的倾角 ② 正面投影和水平面投影为原形的类似形
	① 平面在所垂直的投影面上的投影,积聚成与投影轴倾斜的直线,该直线与投影轴的夹角等于平面对相应投影面的倾角 ② 其他两面投影均为原形的类似形		

（3）一般位置平面

与任何一个投影面都不垂直的平面，称为一般位置平面，如图 2-2-6 所示。

一般位置平面投影为原形的类似形。可先作平面多边形端点的三面投影，并用直线依照空间顺序将端点的同面投影连接，即可得到平面的投影。

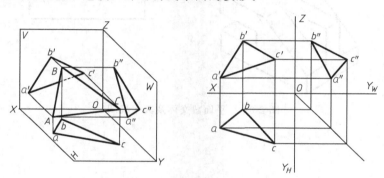

图 2-2-6　一般位置平面的投影

记一记

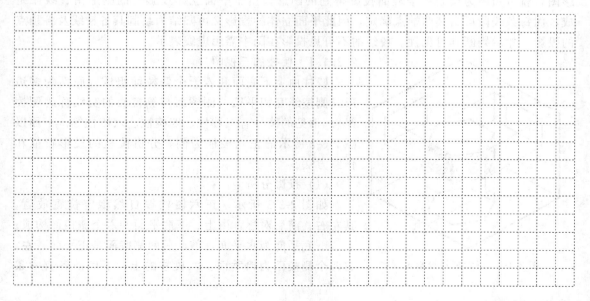

任务 2.3 绘制平面切割体的三视图

【任务导入】

根据图 2-3-1 给出的截交体及其主视图，补全其左视图和俯视图。

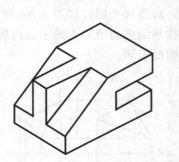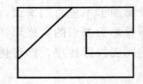

图 2-3-1　平面截交体及其主视图

【知识链接】

2.3.1　棱柱及其切割体的三视图

平面立体主要有棱柱、棱锥等。由于平面立体是由平面组成的，因此绘制平面立体的投影图，就可归结为绘制各个表面投影得到的图形。由于平面立体投影后的图形由直线段组成，而每条线段可由其两端点确定，因此平面立体的投影又可归结为绘制其各棱线及各顶点的投影，然后判断其可见性。棱线的不可见投影在图中需用虚线表示。

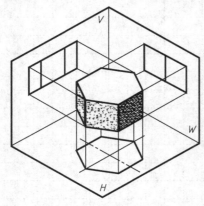

图 2-3-2　正六棱柱投影过程

2.3.1.1　棱柱的三视图

棱柱由上下底面和若干个侧棱面组成，底面为多边形，侧棱线互相平行（侧棱面与侧棱面的交线称为侧棱线）。常见的棱柱有三棱柱、四棱柱、六棱柱等。下面以图 2-3-2 所示的正六棱柱为例，分析棱柱的投影特征和作图方法。

（1）投影分析

如图 2-3-2 所示，正六棱柱按自然稳定位置放置，其左右、前后对称，由上、下底平面和六个侧棱面构成。上、下底平面为水平面，前、后两侧棱面是正平面，左、右四个侧棱面为铅垂面。六棱柱的上、下底面各有六条底棱线，其中两条为侧垂线；六条侧棱线均为铅垂线，其水平投影积聚成一点。

（2）作图步骤

正六棱柱三视图的绘图方法和步骤见表 2-3-1。

表 2-3-1　绘制正六棱柱的三视图

步骤与方法	绘图图例
① 先画出三个视图的对称中心线、作图基准线，然后画出六棱柱的俯视图，如图所示	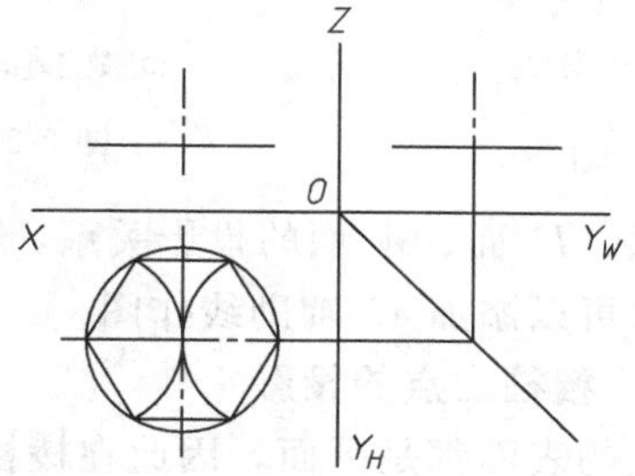
② 根据"长对正"和棱柱高度画主视图，六棱柱上底面投影。并根据"高平齐"画左视图的高度线，如图所示	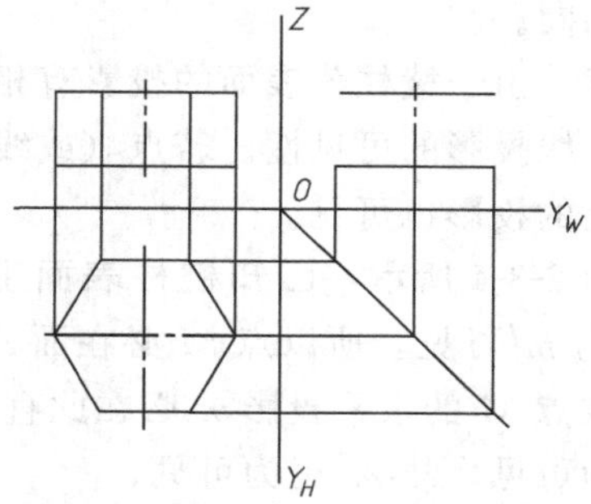
③ 根据"宽相等"完成左视图，如图所示	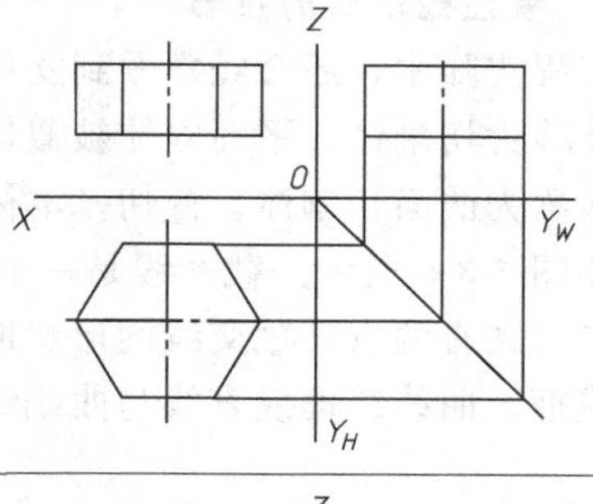
④ 擦除多余的线，加深、整理图线，完成六棱柱的三视图，如图所示	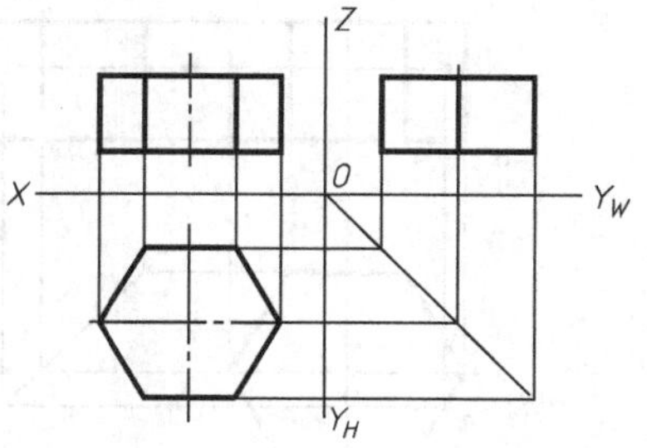

棱柱的投影特征：一面投影为多边形，其边是各棱面的积聚性投影；另两面投影均为一个或多个矩形线框拼成的矩形框，如图 2-3-3 所示为常见棱柱的三面投影示例。

作棱柱投影图时，一般先画出反映棱柱底面实形的多边形，再根据投影规律作出其余两个投影。在作图时要严格遵守"长对正、高平齐、宽相等"的投影规律。

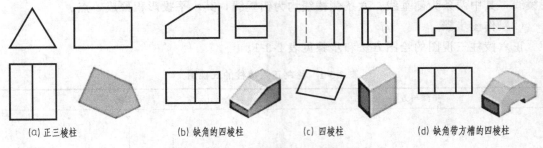

(a) 正三棱柱　　　(b) 缺角的四棱柱　　　(c) 四棱柱　　　(d) 缺角带方槽的四棱柱

图 2-3-3　常见棱柱的三面投影

注意：H 面、W 面的投影关系，可以直接量取平行于宽度方向且前后对应的相等距离作图，也可以添加 45°辅助线作图。

2.3.1.2　棱柱上点的投影

棱柱的表面都是平面，因此在棱柱表面上取点、取线的作图，与平面上取点、取线的作图方法相同。

注意：由于棱柱各表面的投影有相互遮挡的情况，因此在棱柱表面取点、取线时，需要判断点、线投影的可见性。若点（或线）所在的面的投影可见（或有积累性），则点（或线）在该面上的投影也可见。

如图 2-3-4 所示，已知棱柱表面上点 M 的正面投影 m'，求作它的其他两面投影 m、m''。因为 m' 可见，所以点 M 必在面 $ABCD$ 上。此棱面是铅垂面，其水平投影积聚成一条直线，故点 M 的水平投影 m 必在此直线上，再根据 m、m' 可求出 m''。由于面 $ABCD$ 的侧面投影为可见，故 m'' 也为可见。

2.3.1.3　棱柱截切后的投影

在工程实际中，还会经常看到立体被平面或曲面截切的结构，基本体被平面截切后的不完整物体称为切割体。平面立体被截切形成的切割体称为平面切割体；曲面立体被截切形成的切割体称为曲面切割体。截切基本体的平面称为截平面。截平面与物体表面的交线称为截交线，如图 2-3-5 所示。截交线是一个封闭的线框，它上面的点既在截平面上又在立体表面上，是二者共有的点，截交线的形状取决于立体的几何性质及其与截平面的相对位置，通常为直线线框、曲线线框或直线与曲线组成的线框。

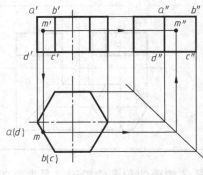

图 2-3-4　正六棱柱表面取点

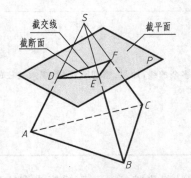

图 2-3-5　截交线与截平面

因为截交线是截平面与立体表面的共有线，所以求作截交线的实质，就是求出截平面与立体表面的共有点。

如图 2-3-6（a）所示，由于正六棱柱被正垂面 P 所截切，六棱柱与 P 面的交线为一个封闭的六边形 $ABCDEF$，顶点就是截平面与各棱线的交点。

作图时，先利用积聚性作出截平面 P 与六棱柱各棱线交点的正面投影。a'、b'、c'、d'、e'、f'，对应的水平投影为 a、b、c、d、e、f。然后根据点的投影规律求出各交点的侧面投影 a''、b''、c''、d''、e''、f''。依次连接各点即为所求截交线的投影，如图 2-3-6（b）所示。

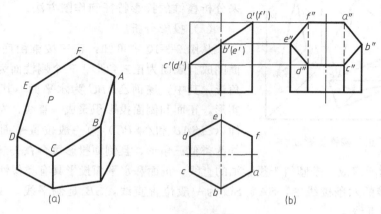

图 2-3-6　正六棱柱被铅垂面截切

2.3.1.4　棱柱的尺寸标注

标注棱柱尺寸，一般要标注底面的形状和棱柱的高度。如图 2-3-7 所示，标注六边形的对边长或内接圆、外切圆的直径，底面和顶面之间的距离（高度）。其他常见棱柱类尺寸标注如图 2-3-8 和图 2-3-9 所示。

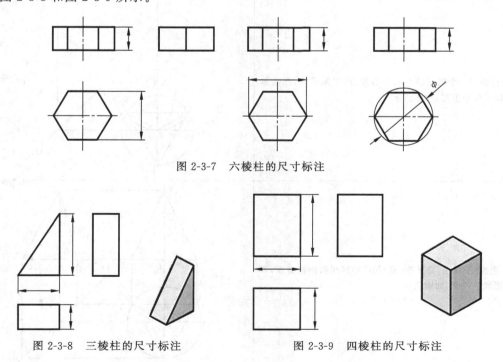

图 2-3-7　六棱柱的尺寸标注

图 2-3-8　三棱柱的尺寸标注　　　　图 2-3-9　四棱柱的尺寸标注

2.3.2 棱锥及其切割体的三视图

棱锥与棱柱的区别是棱锥的侧棱线交于一点——锥顶。常见的棱锥有三棱锥、四棱锥、五棱锥等。

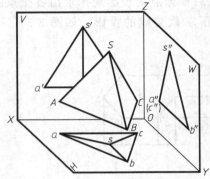

图 2-3-10 正三棱锥投影过程

2.3.2.1 棱锥的三视图

下面以图 2-3-10 所示的正三棱锥放置位置为例，来分析棱锥的投影特征和作图方法。

（1）投影分析

从图 2-3-10 中可知：正三棱锥由底面和三个侧棱面围成。底面为正三角形，三个侧棱面为全等的等腰三角形，其中，底面△ABC 为水平面，其水平投影反映实形，正面和侧面投影积聚成一直线；左、右两个侧棱面（△SAB 和△SBC）为一般位置平面，其三面投影均为类似三角形，且侧面投影重合在一起；后棱面为侧垂面，侧面投影积聚成一条倾斜于投影轴的直线，正面和水平面投影具有类似性。

组成三棱锥的六条棱线中，SA、SC 为一般位置直线，SB 是侧平线，AB 和 BC 为水平线，AC 为侧垂线。

（2）作图步骤

正三棱锥三视图的绘图方法和步骤见表 2-3-2。

表 2-3-2 绘制正三棱锥的三视图

步骤与方法	绘图图例
① 先画出三个视图的对称中心线、作图基准线，然后画出三棱锥的俯视图，如图所示	
② 根据"长对正,高平齐,宽相等"的规律和棱锥高度,画主视图和左视图,如图所示	

步骤与方法	绘图图例
③ 擦去多余线，描深图线，完成正三棱锥三视图，如图所示	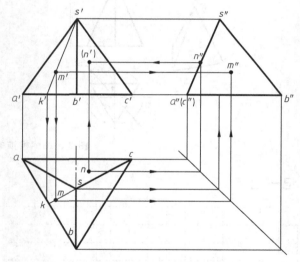

2.3.2.2　棱锥上点的投影

棱锥与棱柱表面取点的分析思路和作图方法基本相同。

如图 2-3-11 所示，已知棱面△SAB 上的点 M 的 V 面投影 m′ 和棱面△SAC 上的点 N 的 H 面投影 n，作 M 和 N 的其他两面投影。

点 N 所在棱面△SAC 为侧垂面，其侧面投影积聚为直线段 s″a″(c″)，因此 n″ 必在 s″a″(c″) 上，由此求得 n″。由 n 和 n″ 即可求出 n′。n′ 在棱面△SAC 上，被棱面△SBC 遮挡，因此 n′ 不可见。

点 M 所在棱面△SAB 为一般位置平面（m′ 可见），可采用辅助线法。过 m′ 作 s′k′，再作出其水平投影 sk。由于点 M 属于直线 SK，根据点在直线上的从属性质可知 m 必在 sk 上，求出水平投影 m，再根据 m 和 m′，可求出 m″。

图 2-3-11　正三棱锥表面取点

2.3.2.3　棱锥截切后的投影

由图 2-3-12(a) 可知，四棱锥被正垂面 P 截切，截交线是四边形，其四个顶点 A、B、C、D 分别是四条棱线与截平面的交点。因此，只要求出截交线的四个顶点在各投影面上的投影，然后依次连接，就能得到该截交线的投影。

如图 2-3-12(b) 所示，正四棱锥被正垂面 P 截切后其三视图绘图步骤如下：

① 利用截平面的积聚性投影，可以直接找出截交线各顶点的正面投影 a′(d′)、b′(c′)。

② 根据直线上点的投影特性，求出截交线各顶点的水平投影 a、b、c、d 和侧面投影 a″、b″、c″、d″。

③ 擦去作图线，依次连接 a、b、c、d 和 a″、b″、c″、d″，即为截交线的投影。

2.3.2.4　棱锥的尺寸标注

棱锥的尺寸一般标注底面的形状和高度。如图 2-3-13 所示，其中的三棱锥要标注三角

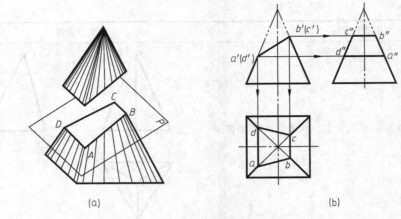

(a)   (b)

图 2-3-12　四棱锥截交线作法

形的边长或内接圆、外切圆的直径，底面和顶点之间的距离（高度）。

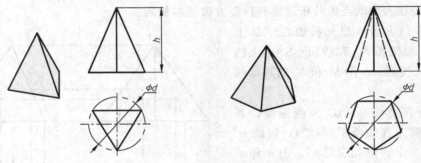

图 2-3-13　棱锥的尺寸标注

记一记

任务 2.4　绘制曲面切割体的三视图

引导问题

• 绘制曲面立体的三视图要注意哪些问题？

• 求圆柱面上点的投影、切割问题要利用投影的什么性质？

• 求圆锥面上点的投影、切割问题用什么方法？

• 求圆球面上点的投影、切割问题用什么方法？

【任务导入】

绘制图 2-4-1 所示的机床顶针三视图。顶针一种机床辅助工具，装在尾架上帮助夹紧工件。顶针由圆柱体和圆锥体组合而成，圆柱体和圆锥体被平面切割后产生了截交线。根据顶针的轴测图，分析截面的切割位置及截面的空间位置，利用截交线的相关知识，结合线面投影的特性，求作顶针的三视图。

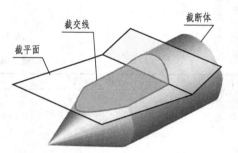

图 2-4-1　机床顶针立体图

【知识链接】

曲面立体的表面由曲面或曲面和平面组成，工程中常见的曲面立体是回转体，如圆柱、圆锥、圆球、圆环以及由它们组合而成的回转体等。在投影图上表示回转体就是把组成立体的平面和回转面表示出来，然后判别其可见性。

在回转面上取点、线与在平面上取点、线的作图原理相同。在回转面上取点，一般过此点在该曲面上作简单易画的辅助圆或直线。在回转面上取线，通常在该曲面上作出确定此曲线的多个点的投影，然后将其光滑相连，并判别其可见性，可见的线段画粗实线，不可见的线段画虚线。

2.4.1　圆柱及其切割体的三视图

2.4.1.1　圆柱的三视图

圆柱面可以看成是由直线绕与它平行的轴线旋转而成的。

（1）投影分析

如图 2-4-2 所示，圆柱体表面由圆柱面和上、下两底面组成。当圆柱的轴线垂直于水平面时，圆柱面上所有素线都垂直于水平面，圆柱面的俯视图积聚在圆周上，圆柱面在主视图中的轮廓线是圆柱面上最左、最右两条素线的投影；在左视图中的轮廓线是圆柱面上最前、最后两条素线的投影；圆柱体的上、下底面与水平面平行，俯视图为圆（实形），主、左视图为直线。由此可见，圆柱的主、左视图是由上、下底面的投影积聚线和圆柱面的转向轮廓线组成的两个全等矩形，俯视图为圆形。

（2）作图步骤

圆柱三视图的绘图方法和步骤见表 2-4-1。

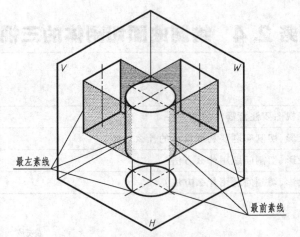

最左素线

最前素线

图 2-4-2　圆柱的投影过程

表 2-4-1　绘制圆柱的三视图

步骤与方法	绘图图例
① 先画出三个视图的对称中心线、作图基准线,然后画出圆柱的俯视图,如图所示	
② 根据"长对正,高平齐,宽相等"的规律和圆柱高度,画主视图和左视图,如图所示	
③ 擦去多余线,描深图线,完成圆柱三视图,如图所示	

2.4.1.2　圆柱上点的投影

如图 2-4-3 所示，已知圆柱面上点 M 的正面投影 m' 和点 N 的侧面投影 n''，求另两面投影。根据给定的 m' 的位置，可判定点 M 在前半圆柱面的左半部分。因圆柱面的水平投影有积聚性，故 m 必在前半圆周的左部。m'' 可根据 m' 和 m 直接求得。n'' 在圆柱面的后素线上，其正面投影 n' 在轴线上（不可见），水平投影 n 在圆的最上方。

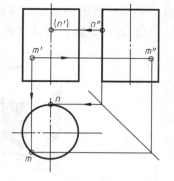

2.4.1.3　圆柱截切后的投影

根据截平面与圆柱轴线的相对位置，平面截切圆柱所得的截交线有三种：当截平面平行于圆柱轴线时，截交线是矩形；当截平面垂直于圆柱轴线时，截交线是一个直径等于圆柱直径的圆；当截交线倾斜于圆柱轴线时，截交线是椭圆，椭圆的大

图 2-4-3　圆柱表面上点的投影

小随截平面与圆柱轴线的倾斜角度不同而变化，但长轴总与圆柱的直径相等。这三种情况见表 2-4-2。

表 2-4-2　平面与圆柱的截交线

截平面位置	平行于轴线	垂直于轴线	倾斜于轴线
截交线形状	矩形	圆	椭圆
轴测图			
投影图			

三种形状的截交线中，圆的作图比较容易；矩形作图要点在于定准圆柱表面上两条平行素线的位置；而椭圆的作图就要利用积聚性找点的方法。

下面以圆柱被正垂面截切时截交线的投影求法为例说明圆柱截切的作图方法。

如图 2-4-4(a) 所示，截平面与圆柱的轴线倾斜，其截面为椭圆。此椭圆的正面投影积聚为一条斜直线，水平投影与圆柱面投影重合，椭圆的侧面投影是它的类似形，仍为椭圆。可根据投影规律，由正面投影和水平投影求出侧面投影。作图步骤如下：

① 绘制圆柱完整的三视图投影。

② 求特殊位置点。由截交线的正面投影，直接作出截交线上的特殊点，即最高、最低、最左、最右、最前、最后等特殊点，如图 2-4-4(a) 所示。Ⅰ、Ⅴ两点是截交线上最低点和最高点。Ⅲ、Ⅶ两点是截交线上最前点和最后点。

③ 求一般位置点。在投影为圆的视图上任意取若干一般点，如图 2-4-4（a）中，Ⅱ、Ⅳ、Ⅵ、Ⅷ等点。现在水平投影上取 2、4、6、8 等点，向上作投影连线，得 2′、4′、6′、8′ 点，然后由投影关系求出对应点 2″、4″、6″、8″。

④ 连点成线。将各点光滑地连接起来，即为截交线的投影，如图 2-4-4（b）所示。

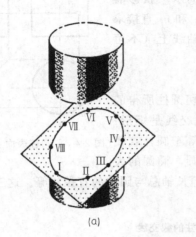
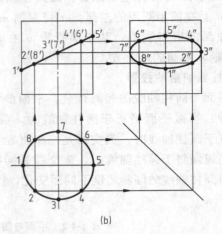

图 2-4-4　圆柱被斜切后的截交线

图 2-4-5　圆柱尺寸标注

2.4.1.4　圆柱的尺寸标注

确定圆柱体的大小需要两个尺寸，一个是圆柱体的高度，另一个是圆柱体的底面直径，如图 2-4-5 所示。对于半圆柱和小于 180° 的不完整圆柱，要标注圆半径和高度。当已有尺寸标注时，可用一个视图（矩形）表达出圆柱的形状。

2.4.2　圆锥及其切割体的三视图

2.4.2.1　圆锥的三视图

圆锥表面可以看作一条直母线绕与它相交的轴线回转而成，如图 2-4-6(a) 所示。

（1）投影分析

圆锥体是由圆锥面和底面构成的。画圆锥面的投影时，也常使它的轴线垂直于某一投影面。如图 2-4-6(b) 所示，圆锥的轴线是铅垂线，底面是水平面。图 2-4-6(c) 是它的投影图，圆锥的水平投影为一个圆，反映底面的实形，同时也表示圆锥面的投影。圆锥的正面、侧面投影均为等腰三角形，其底边均为圆锥底面的积聚投影。正面投影中三角形的两腰 $s'a'$、$s'c'$ 分别表示圆锥面最左、最右轮廓素线 SA、SC 的投影，它们是圆锥面正面投影可见与不可见的分界线。

（2）作图步骤

作图方法如图 2-4-6(c) 所示，先作水平投影的中心线、圆锥的正面投影和水平投影的轴线（细点画线）；再作水平投影的圆；最后根据圆锥的高度定出锥顶 S 的投影位置，根据投影规律，依次作出正面投影和水平投影。圆锥投影特征：当圆锥的轴线垂直于某一个投影面时，圆锥在该投影面上的投影为与其底面全等的圆形，另外两个投影为全等的等腰三

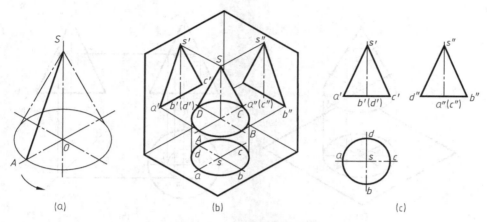

图 2-4-6　圆锥的形成和投影

角形。

2.4.2.2　圆锥上点的投影

在圆锥表面上取点，除圆锥面上特殊位置的点或底面上的点可直接求出外，处于一般位置的点，由于圆锥面的投影没有积聚性，因此不能利用积聚性作图。但可以利用圆锥面的形成特性，利用辅助线法或辅助圆法来作图。

（1）辅助线法

如图 2-4-7（a）所示，圆锥表面上 M 的正面投影 m' 在前半个圆锥面的左边，故可判定点 M 的另两面投影均为可见。

过锥顶 S 和 M 作直线 SA，与底面交于点 A。点 M 的各个投影必在此 SA 的相应投影上。在投影作图中，如图 2-4-7（b）所示，过 m' 作 $s'a'$，然后求出其水平投影 sa。由于点 M 属于直线 SA，根据点在直线上的从属性质可知 m 必在 sa 上，求出水平投影 m，再根据 m、m' 可求出 m''。

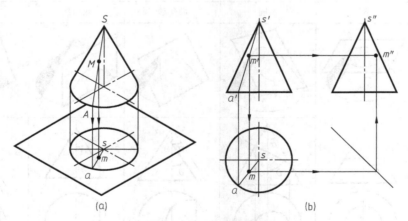

图 2-4-7　辅助线法求圆锥表面上点的投影

（2）辅助圆法

如图 2-4-8（a）所示，过圆锥面上点 M 作垂直于圆锥轴线的辅助圆，点 M 的各个投影必在此辅助圆的相应投影上。在投影作图中，如图 2-4-8（b）所示，过 m' 作水平线

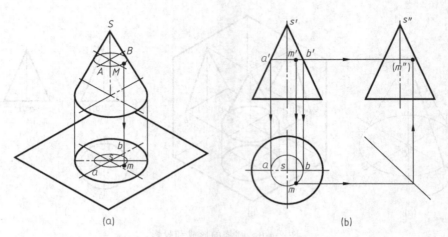

图 2-4-8 辅助圆法求圆锥表面上点的投影

$a'b'$，此为辅助圆的正面投影积聚线。辅助圆的水平投影为一直径等于 $a'b'$ 的圆，圆心为 s，由 m' 向下引垂线与此圆相交，且根据点 M 的可见性，即可求出 m。然后再由 m' 和 m 可求出 m''。

2.4.2.3 圆锥截切后的投影

　　根据平面与圆锥体轴线的不同相对位置，平面与圆锥体相交的截交线可分为三角形、圆、椭圆、抛物线和双曲线五种基本情况，如表 2-4-3 所示。截交线为三角形和圆时，画法比较简单。而截交线为椭圆、抛物线和双曲线时，则需先求出若干个共有点的投影，然后依次光滑地连接各点，获得截交线的投影。

表 2-4-3 圆锥的截交线

截平面位置	与轴线垂直	与轴线倾斜且与所有素线相交	与一条素线平行	与轴线平行	通过锥顶
截交线形状	圆	椭圆	抛物线	双曲线	三角形
轴测图					
投影图					

　　当截交线为椭圆、抛物线、双曲线时，可以用辅助线法或辅助圆法。

（1）辅助线法

如图 2-4-9 所示，截交线上一点 M，可看成是圆锥表面上某一素线 SI 与截平面 P 的交点。因点 M 在素线 SI 上，所以点 M 的三面投影分别在该素线的同面投影上。由于截平面 P 为正垂面，截交线的正面投影积聚为一直线，故需作截交线的水平投影和侧面投影。作图步骤如表 2-4-4 所示。

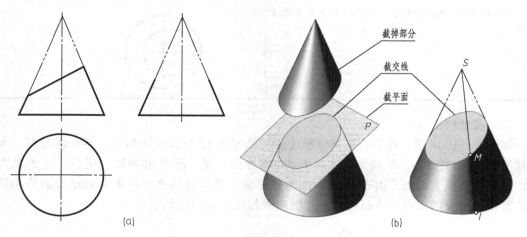

(a)   (b)

图 2-4-9　辅助线法求圆锥截交线

表 2-4-4　辅助线法求圆锥的截交线

步骤与方法	绘图图例
① 求特殊点。点 C 为最高点，根据 c'，可作出 c 及 c''；点 A 为最低点，根据 a'，可作出 a 及 a''；点 B、D 为最前、最后点（前后对称点），根据 $b'(d')$，可作出 $b''(d'')$，进而求出 $b(d)$，如图所示	
② 求中间点。过锥顶作辅助线 $s'l'$，与截交线的正面投影相交于 m'，求出辅助线的其余两投影 sl 及 $s''l''$，进而求出 m 和 m''，n 和 n'' 同理可求，如图所示	

步骤与方法	绘图图例
③连点成线。将各点光滑地连接起来,即为截交线的投影	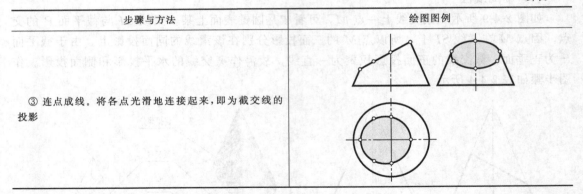

(2) 辅助圆法

如图 2-4-10 所示,作垂直于圆锥轴线的辅助平面 Q 与圆锥面相交,其交线为圆。此圆与截平面 P 相交得 II、IV 两点,这两个点是圆锥面、截平面 P 和辅助平面 Q 三个面的共有点,也是截交线上的点。由于截平面 P 为正平面,截交线的水平投影和侧面投影分别积聚为一直线,故只需作出其正面投影。作图步骤如表 2-4-5 所示。

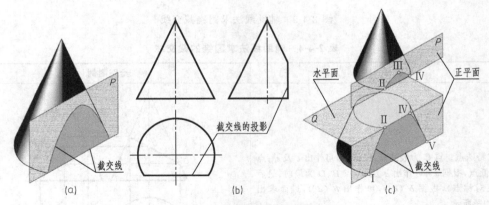

图 2-4-10　辅助圆法求圆锥截交线

表 2-4-5　辅助圆法求圆锥的截交线

步骤与方法	绘图图例
①求特殊点。点 III 为最高点,根据侧面投影 3″,可作出 3 及 3′;点 I、V 为最低点,根据水平投影 1 和 5,可作出 1′、5′ 及 1″、5″,如图所示	

步骤与方法	绘图图例
② 求中间点。作辅助平面 Q 与圆锥相交,交线是圆。辅助圆的水平投影与截平面的水平投影相交于 2 和 4,为所求共有点的水平投影。根据 2 和 4,再求出 $2'$、$4'$,如图所示	
③ 连点成线。将各点光滑地连接起来,即为截交线的投影	

2.4.2.4 圆锥的尺寸标注

标注圆锥的尺寸需要两个尺寸,一个是圆锥的高,另一个是圆锥的底圆直径,尺寸标注如图 2-4-11 所示。

2.4.3 圆球及其切割体的三视图

2.4.3.1 圆球的三视图

圆球面可看作是圆绕其任意直径回转而成,所以圆球面的素线是以圆球的球心为圆心、以圆球的半径为半径的圆,如图 2-4-12 所示。

图 2-4-11 圆锥尺寸标注

（1）投影分析

圆球的三面投影均为圆,其直径与圆球的球面直径相等,但这三个圆分别是圆球面上三个方向最大轮廓圆的投影。如图 2-4-12(a) 所示。

圆球的正面投影是圆球面上平行于 V 面的最大轮廓圆 A 的投影,它将圆球面分为前、后两部分。前半球面的正面投影可见,后半球面的正面投影不可见。其正面投影反映实形,另外两个投影与该投影中圆的中心线重合。同理,圆球的水平投影是圆球面上平行于 H 面的最大轮廓圆 B 的投影,它将圆球面分为上、下两部分。上半球的水平投影可见,下半球的水平投影不可见,其水平投影反映实形,另外两个投影与该投影中圆的中心线重合;圆球

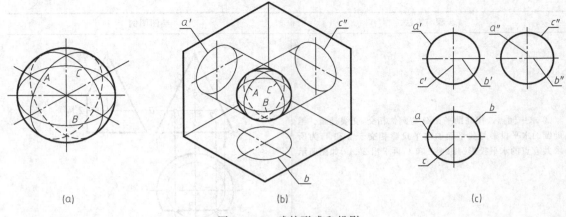

(a)   (b)   (c)

图 2-4-12　球的形成和投影

的侧面投影是圆球面上平行于 W 面的最大轮廓圆 C 的投影，它将圆球面分为左、右两部分，左半球的侧面投影可见，右半球的侧面投影不可见。其侧面投影反映实形，另外两个投影与该投影中圆的中心线重合，如图 2-4-12(b) 所示。

（2）作图步骤

作图时，在投影图中，用垂直相交的两条细点画线画出圆球的对称中心线，其交点为球心的投影。再以球心为圆心画出三个与圆球直径相等的圆，如图 2-4-12(c) 所示。

2.4.3.2　圆球上点的投影

圆球的三面投影均无积聚性，因此在求圆球表面上点的投影时要利用圆球面上的辅助纬圆。在圆球表面过一点可作正平圆、水平圆和侧平圆三种纬圆，纬圆的半径是从中心线到圆素线的距离，这三种纬圆的一个投影反映实形，另外两个投影积聚为与投影轴平行、长度等于纬圆直径的直线。

作图时，过该点在球面上做一个平行于任意投影面的辅助圆，如图 2-4-13 所示。过点 M 作一平行于正面的辅助圆，它的水平投影为过 m 的直线 ab，正面投影为直径等于 ab 长度的圆。自 m 向上引垂线，在正面投影上与辅助圆相交于两点。由于 m 可见，所以点 M 在上半个圆周上，因此可以确定位置偏上的点即为 m'，再由 m、m' 即可求出 m''。

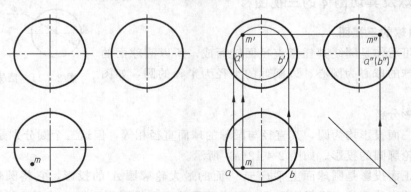

图 2-4-13　辅助纬圆法求圆球表面上点的投影

2.4.3.3　圆球截切后的投影

（1）圆球被投影面平行平面截切

圆球被任意方向的平面截切，其截交线都是圆。当截平面为投影面平行面时，截交线在所平行的投影面上的投影为圆，其余两面投影积聚为直线。该直线的长度等于切口圆的直径，其直径的大小与截平面至球心的距离有关，如图2-4-14所示。

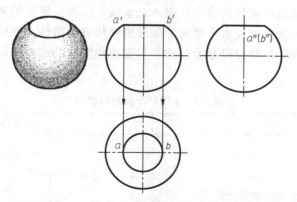

图 2-4-14 与投影面平行辅助纬圆法求圆球截交线

（2）圆球被投影面垂直平面截切

当截平面为投影面垂直面时，截交线在所垂直的投影面上的投影积聚为直线，且直线长度等于截交线圆的直径。其余两面投影均为椭圆，如图2-4-15所示。

先求特殊点。作水平投影，确定椭圆长、短轴的端点。点Ⅲ、Ⅳ的连线为截交圆的水平直径，平行于水平投影面，其水平投影3、4为椭圆的长轴端点，与长轴垂直的直径（点Ⅰ、Ⅱ的连线）对水平面的倾角最大，其水平投影1、2为椭圆的短轴端点。同时求出圆球水平投影转向轮廓线上的点Ⅴ、Ⅵ和圆球侧面投影转向轮廓线上的点Ⅶ、Ⅷ。

再求一般点。一般点可先在截交线的已知投影上选取，然后根据圆球表面取点，求出另外两投影。

最后将这些点依次光滑连接起来，即为截交线的水平投影。同理可作出截交线的侧面投影。

2.4.3.4 圆球的尺寸标注

标注圆球的大小只需要确定球的直径（小于半球的球体标注半径）。国家标准规定，在尺寸数字面前加注"$S\varphi$"或"SR"表示球的直径或半径，如图2-4-16所示。

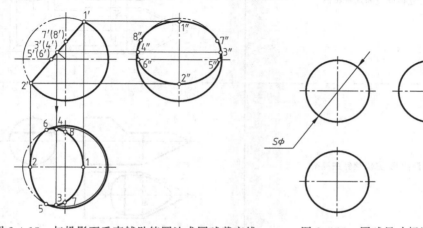

图 2-4-15 与投影面垂直辅助纬圆法求圆球截交线　　图 2-4-16 圆球尺寸标注

2.4.4 绘制机床顶针的三视图

图 2-4-1 所示机床顶针由同轴的圆锥、圆柱组成，且轴线垂直于侧面。水平截平面截圆锥的交线为双曲线，截圆柱面的交线为直线；正垂截平面与大圆柱的轴线斜交，其交线为部分椭圆。两截平面的正面投影及水平截面的侧面投影均有积聚性，圆柱面的侧面投影有积聚性，故截交线的正面投影和侧面投影为已知，只需求作交线的水平投影。顶针三视图的绘制过程如表 2-4-6。

表 2-4-6　顶针三视图的绘制

步骤与方法	绘图图例
① 画出顶针截交线的正面投影和侧面投影	
② 求水平截平面与立体交线的水平投影	
③ 求正垂截平面与立体交线的水平投影	
④ 擦去多余线，描深图线，完成顶针三视图	

记一记

任务 2.5　绘制相贯体三视图

引导问题

• 什么是相贯线？相贯线的性质有哪些？

• 表面取点法求圆柱相贯线要找出哪些点？

• 等直径圆柱相贯的相贯线是什么形状？在三视图上的投影有什么特点？

• 两回转体相交,相贯线有哪些特殊情况？

【任务导入】

如图 2-5-1 所示，看零件立体图，在现有三视图上补全零件上方两带孔圆柱体相贯的三视图。

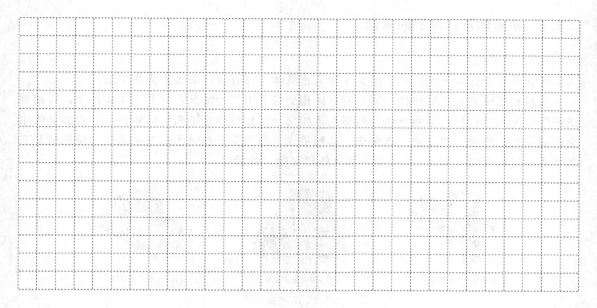

图 2-5-1　具有相贯结构的组合体

2.5.1　相贯体及相贯线的概念

2.5.1.1　相贯线

两立体相交称为相贯，相交的立体称为相贯体，其表面的交线称为相贯线。

根据相贯体表面几何形状不同，两立体相交可分为三种情况：两平面立体相交，其相贯线一般情况下是折线；平面立体与曲面立体相交，其相贯线是平面立体各棱面与曲面立体相交的截交线的组合；两曲面立体相交，其相贯线一般情况下是封闭的空间曲线，特殊情况下是平面曲线或直线。图 2-5-2 所示为两立体相交的三种情况。

(a) 两平面立体相交　　　　　(b) 平面立体与曲面立体相交　　　　(c) 两曲面立体相交

图 2-5-2　两相交立体

2.5.1.2　相贯线的性质

由于各基本体的几何形状、大小和相对位置不同，相贯线的形状也不相同，但任何相贯线都具有以下基本性质：

① 共有性：相贯线是两回转体表面的共有线，是两回转体表面共有点的集合。

② 封闭性：相贯线一般为封闭的空间曲线，特殊情况下可能不封闭，也可能是平面曲线或直线。

③ 相贯线是两回转体表面的分界线。

2.5.2　相贯线的画法

求相贯线的投影，实际上就是求相贯线上两立体表面共有点的投影，常用的方法有表面取点法和辅助平面法。下面以圆柱与圆柱轴线垂直相贯的情况介绍相贯线的画法。

2.5.2.1　表面取点法（利用积聚性法求两圆柱相贯线）

如图 2-5-3(a) 所示，相贯线是封闭的空间曲线，且前后对称、左右对称。由于圆柱面具有积聚性，两圆柱相交时相贯线分别重合在两个圆柱表面上，因此在圆柱投影为圆的视图上就有了相贯线的投影（俯视图和左视图相贯线积聚成圆），只需在两圆柱投影为非圆的视图上，即相贯线的正面投影上做出相贯线。

①求特殊点（A、B、C、D）。点 A、点 B 是铅垂圆柱上的最左、最右素线与水平圆柱的最上素线的交点，是相贯线上的最左、最右点，同时也是最高点。a' 和 b' 可根据 a、a'' 和 b、b'' 求得；C 点、D 点是铅垂圆柱的最前、最后素线与水平圆柱的交点，它们是最前点和最后点，也是最低点。由 c''、d'' 可直接对应求出 c、d 及 c'、d'。

②求一般点。在铅垂圆柱的水平投影圆上取 1、2 点，它的侧面投影为 $1''$、$2''$ 和正面投影 $1'$、$2'$ 可根据投影规律求出。为使相贯线更准确，可取一系列的一般点。

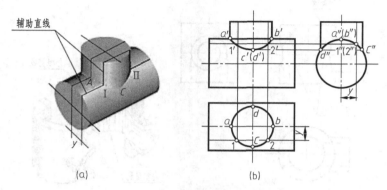

图 2-5-3　两不等直径圆柱正交相贯

③ 顺次光滑地连接 a'、$1'$、c'、$2'$、b' 等点，即得相贯线的正面投影。

当两圆柱垂直相交时，若相对位置不变，改变两圆柱的相对直径大小，相贯线也会随之而改变，如表 2-5-1 所示。

表 2-5-1　两圆柱相对大小的变化对相贯线的影响

两圆柱直径的关系	水平圆柱直径较大	两圆柱直径相等	水平圆柱直径较小
相贯线的特点	上、下两条双曲线	两个相互垂直的椭圆	左、右两条双曲线
轴测图			
投影图			

两圆柱外表面相交，称为外相贯线。当圆柱上钻有圆孔时（图 2-5-4），则孔与圆柱外表面及内表面均有相贯线。在内表面产生的交线，称为内相贯线。内相贯线和外相贯线的画法相同。

两圆柱相贯时，存在着虚、实圆柱的情况，即有实-实圆柱相贯（两外表面相交）、实-虚圆柱相贯（外表面与内表面相交）、虚-虚圆柱相贯（内表面与内表面相交）三种形式，如表 2-5-2 所示。由图中可见，圆柱的虚实变化并不影响相贯线的形状，不同的只是相贯线和转向轮廓线的可见性。

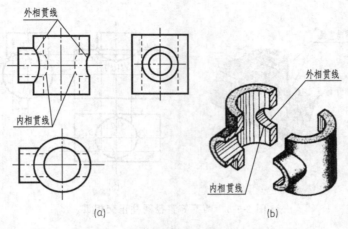

图 2-5-4 孔与孔相交时相贯线的画法

表 2-5-2 两圆柱相贯的三种形式

相交形式	两外表面相交	外表面与内表面相交	两内表面相交
轴测图			
投影图			

2.5.2.2 相贯线的近似画法和简化画法

在绘制机件图样的过程中，当两圆柱正交且直径相差较大，且对交线形状的准确度要求不高时，允许采用近似画法，即用大圆柱的半径作圆弧来代替相贯线，或用直线代替非圆曲线，如图 2-5-5 所示。

2.5.3 相贯线投影的特殊情况

两回转体相交，一般情况下相贯线为空间曲线，特殊情况下相贯线为平面曲线或直线。

2.5.3.1 相贯线为平面曲线

① 当具有公共回转轴的两回转体相贯时，相贯线为垂直于公共回转轴线的圆，如图 2-5-6 所示。

② 当轴线相交的两圆柱（或圆柱与圆锥）公切于同一球面时，相贯线一定是平面曲线，如图 2-5-7 所示。

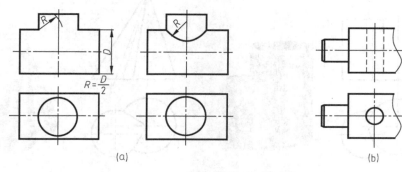

图 2-5-5　相贯线的近似画法

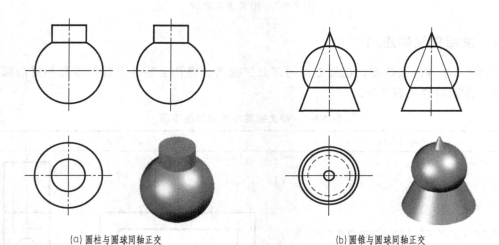

(a)圆柱与圆球同轴正交　　　　　　　　(b)圆锥与圆球同轴正交

图 2-5-6　同轴回转体的相贯线——圆

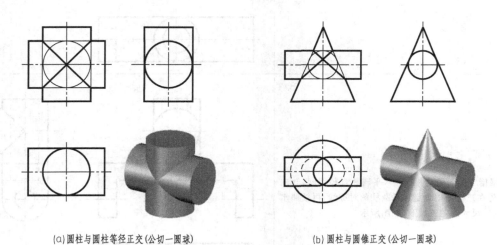

(a)圆柱与圆柱等径正交(公切一圆球)　　　(b)圆柱与圆锥正交(公切一圆球)

图 2-5-7　两回转体公切于同一球面的相贯线——椭圆

2.5.3.2　相贯线为直线

当相交两圆柱的轴线平行或两圆锥共顶时，相贯线为直线，如图 2-5-8 所示。

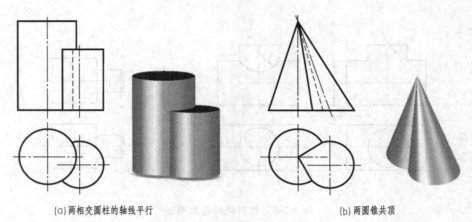

(a)两相交圆柱的轴线平行   (b)两圆锥共顶

图 2-5-8　相贯线为直线

2.5.4　求相贯线的应用

　　如图 2-5-1 零件立体图，已知立体的部分三视图，需补全零件上方两带孔相贯的圆柱的三视图。作图步骤见表 2-5-3。

表 2-5-3　补全相贯零件三视图步骤

步骤与方法	绘图图例
① 从零件立体图可知，零件上方的圆柱直径与下面支撑部分的宽度相同，按尺寸绘制垂直外圆柱和内圆柱的三视图	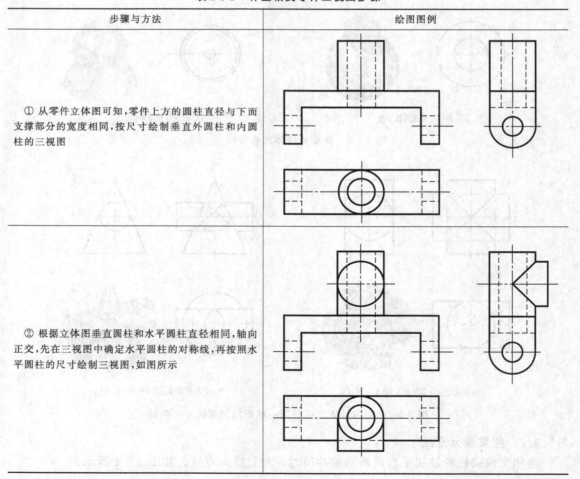
② 根据立体图垂直圆柱和水平圆柱直径相同，轴向正交，先在三视图中确定水平圆柱的对称线，再按照水平圆柱的尺寸绘制三视图，如图所示	

步骤与方法	绘图图例
③ 修剪遮挡部分线条,完成水平内圆柱三视图,按照相贯线的简化画法,用虚线绘制不等直径内圆柱相贯线 最后检查整理,加深图线,如图所示	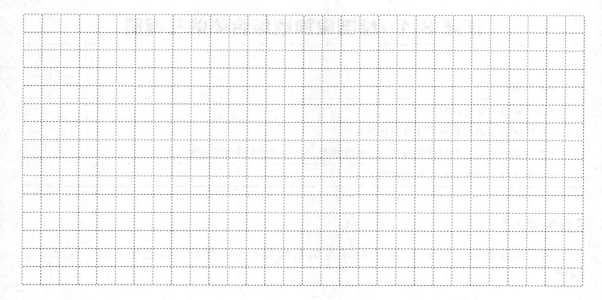

记一记

项目三 组合体识读与绘图

【项目导读】 组合体是忽略机械零件的工艺特性，对零件的结构抽象简化后的"几何模型"，学习机械制图，要从识绘"几何模型"入手，研究组合体构形、视图的画法和阅读、尺寸标注等问题，为后续零件图、装配图的学习打下坚实的基础。

任务 3.1 绘制叠加型组合体的三视图

引导问题

• 组合体有哪些组合形式？

• 形体邻接表面间相对位置有哪些情况？

• 叠加型组合体三视图画图的基本分析方法是什么？画图要注意哪些问题？

• 画组合体三视图怎样选择主视图方向？

【任务导入】

用形体分析法分析图 3-1-1 中轴承座的结构和尺寸，然后制定绘图步骤，完成其三视图。

图 3-1-1 轴承座

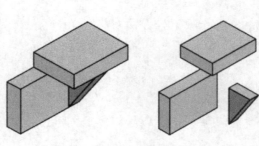

图 3-1-2 叠加型组合体

【知识链接】

3.1.1　组合体的组合形式

（1）叠加型

由两个或两个以上的基本体叠加而成的组合体，称为叠加型组合体。如图 3-1-2 所示。

（2）切割型

从一个较大的基本体中切割出较小的基本体的组合体，称为切割型组合体。如图 3-1-3 所示。

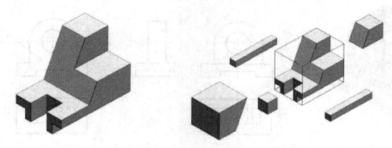

图 3-1-3　切割型组合体

（3）综合型

既有叠加、又有切割的组合体，称为综合型组合体。如图 3-1-4 所示。

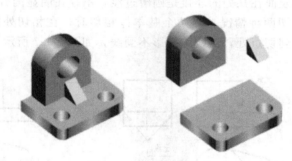

图 3-1-4　综合型组合体

3.1.2　组合体相邻表面之间的连接关系及画法

组合体经叠加、切割等方式组合后，按形体邻接表面间连接方式的不同可分为以下几种情况。

（1）平齐

当相邻两基本体的表面间平齐时，说明两立体的这些表面共面，共面的表面在视图的连接处不应有分界线隔开，如图 3-1-5 所示组合体的前表面。

（2）不平齐

当相邻两基本体的表面间不平齐时，说明它们相互连接处不存在共面情况。在视图上不同表面处应有分界线隔开，如图 3-1-6 所示组合体的前表面和左表面。

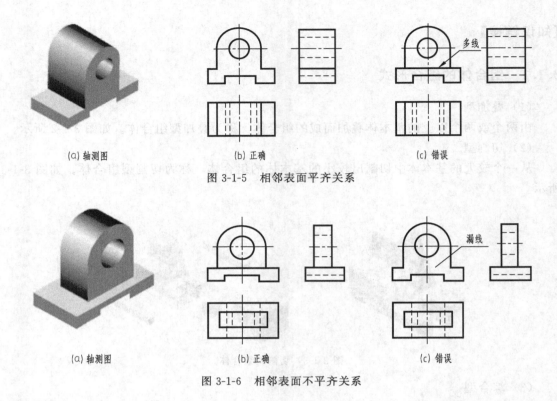

(a) 轴测图   (b) 正确   (c) 错误

图 3-1-5　相邻表面平齐关系

(a) 轴测图   (b) 正确   (c) 错误

图 3-1-6　相邻表面不平齐关系

（3）相切

相切是指两基本体表面在某处的连接是圆滑过渡，不存在明显的分界线，包括平面与曲面相切、曲面与曲面相切两种情况。当两个基本体相切时，在相切处规定不画分界线的投影，相关面的投影应画到切点处，切线的投影不画线，如图 3-1-7 所示。

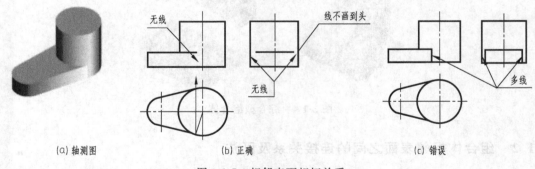

(a) 轴测图   (b) 正确   (c) 错误

图 3-1-7　相邻表面相切关系

（4）相交

当两立体表面相交时，在相邻表面的相交处必定产生交线。画投影图时要分析交线的形状，正确画出交线的投影，如图 3-1-8 所示。

3.1.3　叠加型组合体三视图的绘制步骤

绘制组合体三视图之前，首先应对组合体进行形体分析，分析该组合体是由哪些基本体所组成的，了解它们之间的相对位置、组合形式、表面间的连接关系及其分界线的特点，为

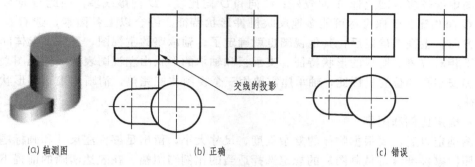

| (a) 轴测图 | (b) 正确 | (c) 错误 |

图 3-1-8　相邻表面相交关系

主视图选择投影方向和理清绘图思路，然后才能开始画图。下面以图 3-1-9 所示轴承座的三视图为例，说明利用形体分析法绘制叠加型组合体三视图的绘图方法和步骤。

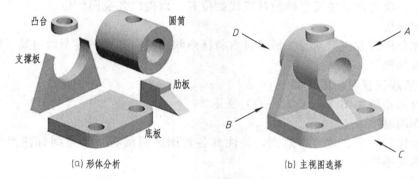

(a) 形体分析　　　　　　　　　　　　(b) 主视图选择

图 3-1-9　轴承座图形分析

3.1.3.1　画图步骤

（1）形体分析

在画图之前，首先应对组合体进行形体分析，将其分解成几个组成部分，明确各基本形体的形状、组合形式、相对位置以及表面连接关系，以便对组合体的整体形状有总的概念，为画图作准备。如图 3-1-9(a) 所示，轴承座是一个上、中、下叠加且有切割的综合型组合体，可分解为底板、支承板、圆筒、肋板和凸台五部分，有一个对称面。底板有两个安装用的圆柱通孔。支承板叠放在底板上，它与底板的后端面平齐，上方与圆筒柱面相切。圆筒下方与支承板结合，后面较支承板向后突出一些。肋板叠加在底板上，其上部与轴承圆柱面相交，后端面与支承板连接在一起，凸台放置在圆筒的上方，并有一个加油孔。

（2）选择主视图

表达组合体形状的一组视图中，主视图是最主要的视图。在画三视图时，主视图的投影方向确定以后，其他视图的投影方向也就被确定了。因此，主视图的选择是绘图中的一个重要环节。主视图应符合以下三个要求：

① 反映组合体的结构特征。一般应把反映组合体各部分形状和相对位置较多的一面作为主视图的投射方向。

② 符合组合体的自然安放位置，主要面应平行于基本体投影面。

③ 尽量减少其他视图的虚线。

轴承座放正后，主视图有四个方向可选，如图 3-1-9(b) 所示。*A* 向和 *B* 向比较，*B* 向的左视图虚线较多，因此选 A 向较好；C 向和 D 向比较，D 向虚线多，因此 C 向较好。而 A 向和 C 向相比，C 向可尽可能多地反映机件形状特征。综合以上各因素，选 C 向为主视图投影方向。主视图确定后，其他视图也就确定了。轴承座的主视图，反映了形体间左、右和上、下相对位置。肋板的形状特征、支承板和轴承的形状由左视图表达，俯视图表达底板的形状和安装孔的位置。因此，轴承座需要用三个视图才能完整、清晰地表达其形状特征及位置特征。

（3）确定比例和图幅

视图确定以后，要根据物体的复杂程度、尺寸大小，留出足够标注尺寸和画标题栏的空间，按照国家标准《机械制图》的规定选择适当的比例与图幅。在表达清晰的前提下，尽可能选用 1∶1 的比例。

（4）布置视图位置

布置视图时，应根据已确定的各视图每个方向的最大尺寸所需的空间，匀称地将各视图布置在图幅上。要先定好主要形体的基准线的位置，以确定各视图的位置。

（5）绘制底稿

按照形体分析的方法，从每一形体具有特征形状的视图开始，逐个画出其三视图。

（6）检查加深

3.1.3.2　轴承座三视图画图步骤

轴承座绘图步骤如图 3-1-10(a)～(f) 所示。

（1）画作图基准线

根据组合体的总长、总宽、总高，并注意各视图之间留有适当空间标注尺寸，匀称布图，画出作图基准线。

（2）画底稿

按形体分析法逐个画出各基本形体。首先从反映形状特征明显的视图画起，然后画其他两个视图，3 个视图配合进行。一般顺序是：先画整体，后画细节；先画主要部分，后画次要部分；先画大形体，后画小形体。

（3）检查

底稿画完以后，逐个仔细检查各基本形体表面的连接关系，纠正错误和补充遗漏。由于组合体内部各形体融合为一体，需检查是否画出了多余的图线。经认真修改并确定无误后，擦去多余的图线。

（4）描深

底稿完成后，应在三视图中认真核对各组成部分的投影关系正确与否；分析清楚相邻两形体衔接处的画法有无错误，是否多线、漏线；再以实物（或轴测图）与三视图对照，确认无误后，描深图线，完成全图。

3.1.3.3　绘图注意事项

① 为保证三视图之间相互对正，提高画图速度，减少差错。应尽可能把同一形体的三面投影联系起来作图，并依次完成各组成部分的三面投影。不要孤立地先完成一个视图，再画另一个视图。

② 先画主要形体，后画次要形体；先画各形体的主要部分，后画次要部分；先画可见部分，后画不可见部分。

③ 应考虑到组合体是各个部分组合起来的一个整体，作图时要正确处理各形体之间的表面连接关系。

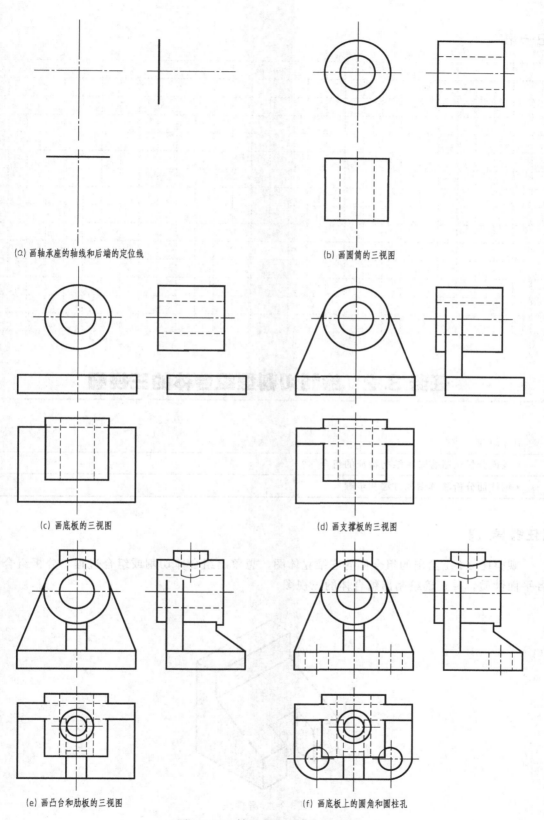

(a) 画轴承座的轴线和后端的定位线

(b) 画圆筒的三视图

(c) 画底板的三视图

(d) 画支撑板的三视图

(e) 画凸台和肋板的三视图

(f) 画底板上的圆角和圆柱孔

图 3-1-10　轴承座三视图绘图过程

记一记

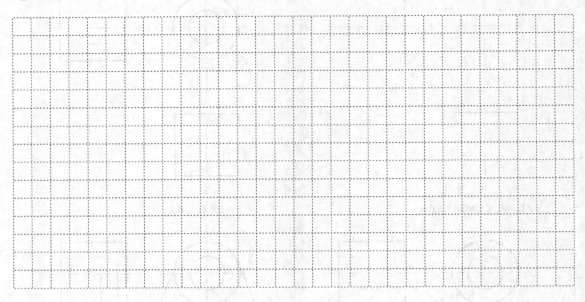

任务 3.2 绘制切割型组合体的三视图

引导问题

• 线面分析法适合哪种结构特征的组合体？

• 用线面分析法读图的方法和步骤？

【任务导入】

观察图 3-2-1 给出的组合体的三维立体图，想象出组合体切割或组合过程，分析组合体各平面性质，并正确绘制出组合体的三视图。

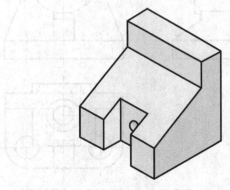

图 3-2-1 导向块

3.2.1 切割型组合体的画法

切割型组合体是通过挖切和穿孔制成的，其表面的交线（截交线或者相贯线）较多，形体不完整。切割型组合体的视图绘制要在形体分析的基础上，结合线面分析法完成。为此，首先应该分析该切割式组合体在没有切割或穿孔之前的基本形体是什么形体；其次，分析用什么位置的面来挖切，截去了哪些部分，留下了哪些部分，产生了哪些交线；再次，若有穿孔，要分析穿孔的形状（有圆形孔、三角形孔、方孔、正六边形孔等），要分析穿孔的范围以及穿孔后产生了哪些交线；最后，在形体分析的基础上，对某些重要的线面作投影分析，从而完成切割式组合体三视图的绘制。下面以图 3-2-2 所示的导向块为例，介绍切割型组合体三视图的画法。

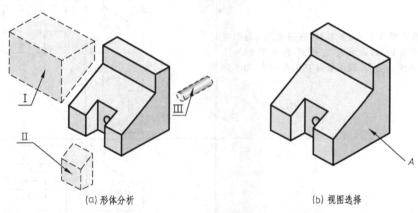

(a) 形体分析　　　　　　　　　　　(b) 视图选择

图 3-2-2　导向块的形体分析、视图选择

（1）形体分析

图 3-2-2(a) 所示的导向块，可以看成是由长方体依次切去 Ⅰ、Ⅱ、Ⅲ 三个形体而形成的切割型组合体。

（2）视图选择

选择图 3-2-2(b) 所示的稳定位置放置导向块，再选择 A 向为主视图投射方向，因为 A 向投射，最能反映导向块的形状特征，并能减少视图中的虚线。

（3）画图步骤

表 3-2-1 所示为导向块的画图步骤。

表 3-2-1　导向块三视图的绘制

绘图步骤	图　示
① 恢复导向块的初始形状。导向块的初始形状是四棱柱,画出四棱柱的三视图	

绘图步骤	图　示
② 切割形体Ⅰ。形体Ⅰ为四棱柱(直角梯形),其形状特征视图在主视图,因此先画主视图,再画俯、左视图	
③ 切割形体Ⅱ。形体Ⅱ也是四棱柱,在俯视图具有积聚性,所以从俯视图开始画,再画主、左视图,注意 P 面为正垂面,p′反映积聚性,p、p″反映正垂面 P 的类似性,为凹字形的八边形	
④ 切割形体Ⅲ。形体Ⅲ是一侧垂圆柱,在左视图具有积聚性,因此从左视图开始画,再画主、俯视图	
⑤ 检查、描深。底图完成后,再按原画图顺序依次仔细检查,纠正错误,补充遗漏,擦去多余线,然后按照标准线型描出各线条,这就完成了导向块的三视图	

3.2.2　画切割式组合体三视图注意事项

① 作每个切口 (切槽) 投影时, 应先从反映形状特征且具有积聚性的投影开始, 再按照投影关系画出其他视图。例如第一次切割时, 因为形体Ⅰ在主视图可以反映形状特征, 所以先画出主视图, 再画出俯、左视图; 第二次切割时, 因为形体Ⅱ在俯视图具有积聚性, 所

以先画出俯视图，再画出主、左视图；第三次切割时，因为形体Ⅲ在左视图具有积聚性，所以先画出左视图，再画出主、俯视图。

②绘图时除了要特别注意视图中积聚性外，也要注意类似性以及视图之间的三等关系。如表3-2-1中 P 平面是一个"凹"字形，在主视图上具有积聚性，应首先画出它在正平面上的投影——一条斜线，然后再根据类似性和三等关系，画出它的水平投影和侧面投影。

记一记

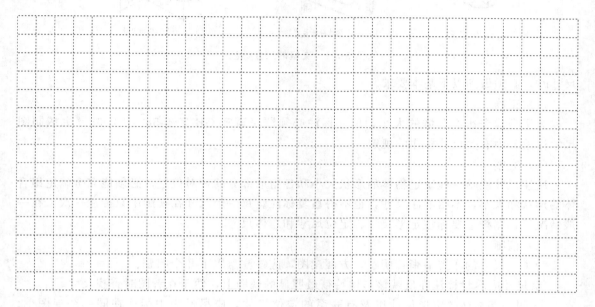

任务 3.3 标注组合体尺寸

引导问题

• 组合体尺寸标注要求是什么？

• 组合体尺寸标注要注意哪些问题？

【任务导入】

根据图 3-3-1 中轴测图给定的尺寸完成其组合体三视图的尺寸标注。

【知识链接】

在前文已介绍了如何正确地按国家标准《机械制图》的有关规定标注平面图形的尺寸，下面讲解如何标注组合体三视图的尺寸。

3.3.1 组合体尺寸标注的基本要求

组合体的视图只表达其结构形状，大小必须由视图上所标注的尺寸来确定。标注组合体

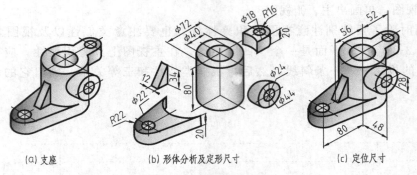

(a) 支座　　　　(b) 形体分析及定形尺寸　　　　(c) 定位尺寸

图 3-3-1　支座的尺寸标注

尺寸时，必须做到以下基本要求。

（1）正确

为了准确表达组合体的大小，尺寸标注必须严格遵守 GB/T 4458.4—2003《机械制图尺寸注法》中有关尺寸标注的规定。

（2）完整

所注尺寸能唯一地确定物体的形状大小和各组成部分的相对位置，必须能完全确定组合体的形状和大小，不得漏注尺寸，也不得重复标注。每一个尺寸在视图中只标注一次。在一般情况下，图样上要标注定形尺寸、定位尺寸和总体尺寸。

（3）清晰

为了使尺寸的布置清晰、明了，方便读图，应该注意以下几个问题：

① 尺寸应尽量标注在反映该形体特征最明显的视图上，便于在看图时查找尺寸。

② 同一基本体的定形尺寸以及有联系的定位尺寸，应尽量集中标注在同一个视图上。如图 3-3-2(a) 所示，在长度和宽度方向上，底板的定形尺寸以及两个小圆孔的定形、定位尺寸都应集中标注在俯视图上；如图 3-3-2(b) 所示，轴线铅垂小圆柱的定形、定位尺寸应标注在主视图上。

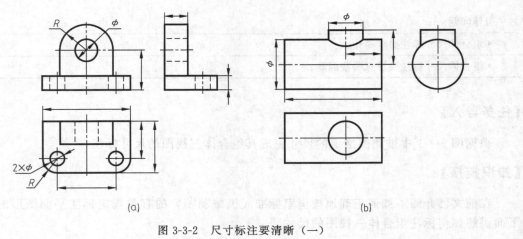

(a)　　　　　　　　　　　　　(b)

图 3-3-2　尺寸标注要清晰（一）

③ 尺寸应尽量标注在视图的外部，与两视图有关的尺寸，最好标注在两视图之间，避免尺寸标注零乱，同一方向连续的几个尺寸尽量放在一条线上对齐。

④ 同轴回转体的直径尺寸尽量标注在非圆的视图上，如图 3-3-3(a) 所示。

⑤ 表示缺口的尺寸应该标注在反映其实形的视图上，如图 3-3-3(b)、(d) 所示。

⑥ 半径尺寸应标注在投影为圆弧的视图上，如图 3-3-3(c) 所示。

⑦ 尺寸应尽量避免注在虚线上。

⑧ 尺寸线与尺寸线不能相交，尺寸线与尺寸界线尽量避免相交。

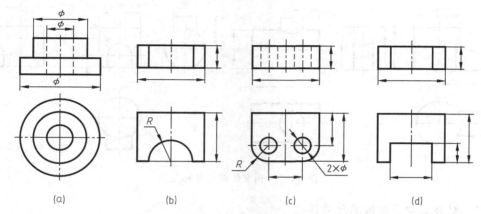

图 3-3-3　尺寸标注要清晰（二）

在标注尺寸时，有时会出现不能兼顾以上各点要求的情况，必须在保证尺寸完整、清晰的前提下，根据具体情况，统筹安排，合理布局。

3.3.2　组合体常见结构的尺寸注法

3.3.2.1　基本形体的尺寸标注

平面立体通常要标注立体长、宽、高三个方向的尺寸，且最好标注在形状特征视图上，在前文中已经说明了基本体的尺寸标注方法，这里将不再赘述。

3.3.2.2　切割体的尺寸标注

对于带切口的形体，除了标注基本形体的尺寸外，还要注出确定截平面位置的尺寸。需要注意的是，当形体与截平面的相对位置确定后，切口的交线即可完全确定，因此不能直接标注交线的尺寸。常见带切口形体的尺寸标注如图 3-3-4 所示。

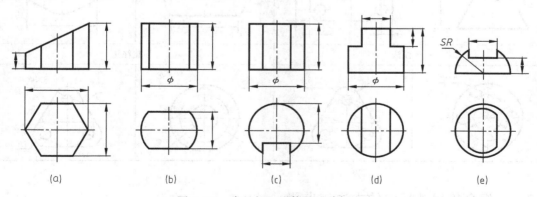

图 3-3-4　常见切口形体的尺寸标注

3.3.2.3　相交体的尺寸标注

在标注相交体的尺寸时，除应注出两相交体的定形尺寸外，还应注出确定两相交体相对位置的定位尺寸。当定形和定位尺寸标注全后，两相交体的交线（相贯线）即被唯一确定，因此对相贯线也不需要再注尺寸，如图 3-3-5 所示。

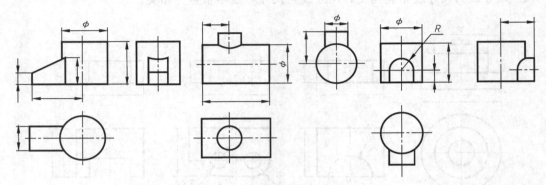

图 3-3-5　相交体的尺寸标注

3.3.2.4　组合体常见结构的尺寸注法

组合体常见结构的尺寸注法如表 3-3-1 所示，标注尺寸时可参考。

表 3-3-1　组合体常见结构的尺寸注法

正确注法			

错误注法			

一般注法		简化注法	

3.3.3　组合体尺寸标注的方法和步骤

现以图 3-3-1(a) 所示的组合体为例，说明标注组合体尺寸的方法。

（1）形体分析

对支架进行形体分析，可假想将其分解为 5 个基本形体，各形体的定形、定位尺寸分析如图 3-3-1(b)、(c) 所示。

（2）选择尺寸基准

从支架的结构特征考虑，中间的圆柱筒是主要结构，底板下底面属于较大平面，组合体前后对称，所以选择其轴线为长度方向的尺寸基准，底板下底面为高度方向的尺寸基准，前后对称面为宽度方向的尺寸基准。

（3）标注各基本形体的定形和定位尺寸

① 标注定形尺寸：图 3-3-6(a) 中标出的尺寸都是定形尺寸。

② 定位尺寸：图 3-3-6(b) 中标出的尺寸都是定位尺寸。

（4）标注总体尺寸

最后还应标出总体尺寸。标注总体尺寸时，有时会与定形尺寸或定位尺寸重复，即由定形尺寸和定位尺寸已确定了总体尺寸，这时则应调整尺寸标注，删去多余尺寸。如图 3-3-6(c) 所示，主视图中标出的尺寸 80 为总高尺寸，但同时它也是圆柱 $\phi72$ 的定形尺寸。因此，总体尺寸就不必再标注了。又如在总长尺寸方面，由于标注了定位尺寸 52、80 以及定形尺寸 $R16$、$R22$，总体尺寸也就不需再标注了。

（5）校核检查

最后，按照正确、完整、清晰的要求进行检查调整，如图 3-3-6(c) 所示。

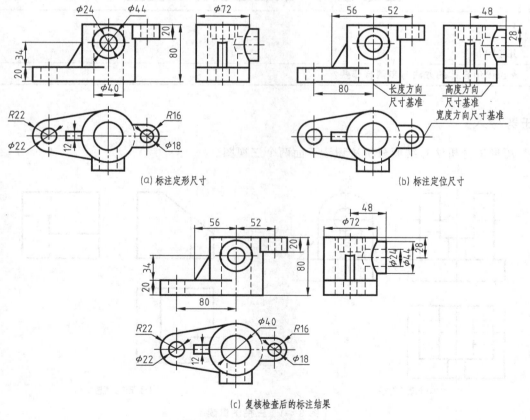

图 3-3-6 支架的尺寸标注方法

记一记

（此处为空白方格书写区）

任务 3.4　识读组合体三视图

引导问题

• 识读组合体的方法与步骤有哪些？

【任务导入】

用形体分析法和线面分析法识读下面两个三视图。

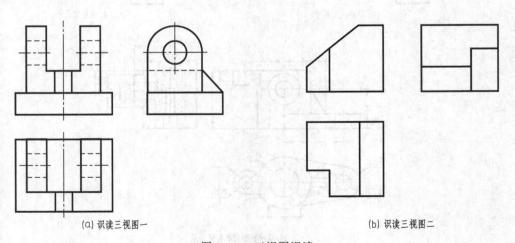

(a) 识读三视图一　　　　　　　　　　　　(b) 识读三视图二

图 3-4-1　三视图识读

【知识链接】

画图是把空间的组合体用正投影法表示在平面上。读图是画图的逆过程，即根据已画出的视图，运用投影规律，想象出组合体的空间形状。画图是读图的基础，而读图既能提高空间想象能力，又能提高投影分析能力。画图和读图是同等重要的，掌握好读图方法并能熟练运用，是工程技术人员必备的基本能力。要做到快速熟练地识读组合体视图，首先需要掌握有关读图的基本知识，学习读图的基本方法与步骤，提高读图的速度和准确度。

3.4.1 读图的基本知识

3.4.1.1 理解视图中线框和图线的含义

（1）图线

视图中的每一条图线可以表示：

① 面的积聚性投影：如图 3-4-2 中直线 1 和 2 分别是 A 面和 E 面的积聚性投影。

② 两个面的交线的投影：如图 3-4-2 中直线 4 是 A 面和 D 面交线。

③ 曲面的转向轮廓线的投影：如图 3-4-2 中左视图中虚线 6 是小圆孔圆柱面的转向轮廓线。

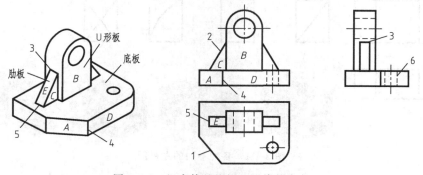

图 3-4-2　组合体的线框和图线的含义

（2）线框

视图中的每个封闭线框可以表示：

① 物体上一个平面的投影：如图 3-4-2 中主视图上的线框 A、B、C 是平面的投影。

② 物体上一个曲面的投影：如图 3-4-2 中俯视图的中间线框是 U 形板圆柱面的投影。

③ 平面与曲面相切形成的面的投影：如图 3-4-2 中线框 D 是平面与圆柱面相切形成的组合面的投影。

④ 一个孔的投影：如图 3-4-2 中主、俯视图中大、小两个圆线框分别是大、小两个孔的投影。

视图中相邻的两个封闭线框表示：

① 同向错位的两个面的投影：如图 3-4-2 中 B、C、D 三个线框两两相邻，从俯视图中可以看出，B、C 以及 D 的平面部分互相平行，且 D 在最前，B 居中，C 最靠后。

② 两个相交面的投影：如图 3-4-2 中面 A 和面 D 在主视图中的投影。

大线框内套小线框，表示在大的形体上凸出或凹下的小的形体的投影，如图 3-4-2 中俯视图上的小圆线框表示凹下的孔的投影,线框 E 表示凸起的肋板的投影。

3.4.1.2　几个视图联系起来读图

一个视图是不能完全确定组合体形状的,有时只看两个视图,也无法确定物体的形状。如图 3-4-3、图 3-4-4 所示,其形状各异,但它们的主视图和俯视图完全相同。由此可见,不能只看一个或两个视图就下结论,必须把已知所有的视图联系起来,进行分析、构思,才能想象出组合体的确切形状。

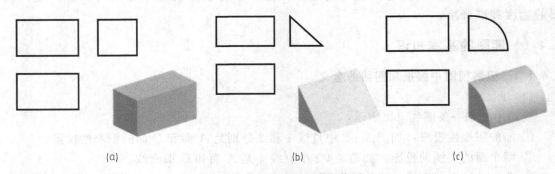

(a)　　　　　　　　　　　(b)　　　　　　　　　　　(c)

图 3-4-3　三个视图联系起来看

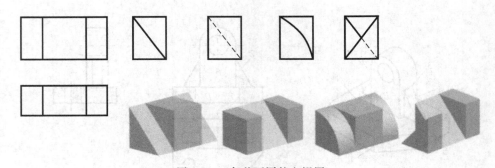

图 3-4-4　各种不同的左视图

3.4.2　读组合体视图的方法和步骤

读组合体视图的基本方法与画图一样,主要运用形体分析法。对于形状比较复杂的组合体,还需辅以线面分析法来帮助想象和读懂不易看明白的局部结构。

3.4.2.1　形体分析法

形体分析法的基本思想是将组合体看成是由若干基本形体所组成的。关键在于掌握分解复杂图形的方法,将复杂的图形分为几个简单图形,确定它们之间的相对位置及邻接表面关系,最后综合想象出该组合体的整体结构。形体分析法的着眼点是形体,而形体在视图中对应的是一个封闭线框,封闭线框的投影满足投影规律。

下面以图 3-4-1(a) 所示的组合体为例,来说明形体分析法读图的步骤。

(1) 分析视图,划分线框

从主视图入手,并结合其他视图的特征结构进行分析,将主视图分成几个封闭线框。如图 3-4-5 所示,将主视图划分成 1、2、3 三个线框。

（2）对照投影，辨识形体

根据投影关系，借助尺规工具，找出各线框的其余投影并想象出各形体的形状，如图 3-4-6（a）、（b）、（c）所示。

（3）综合起来想整体

在读懂各形体的基础上，根据组合体的三视图，进一步分析它们之间的相对位置关系和表面连接关系，综合想象确定组合体的形状。由图 3-4-5 所示的组合体视图可以看出，形体 3 位于形体 1 的上方，左右对称，后表面平齐；形体 2 位于形体 1 上方，形体 3 前方，左右对称。通过这样的综合想象，便构思出了图 3-4-6（d）所示的形体。

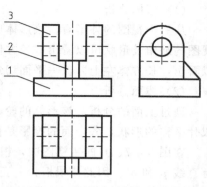

图 3-4-5　形体分析法读图举例

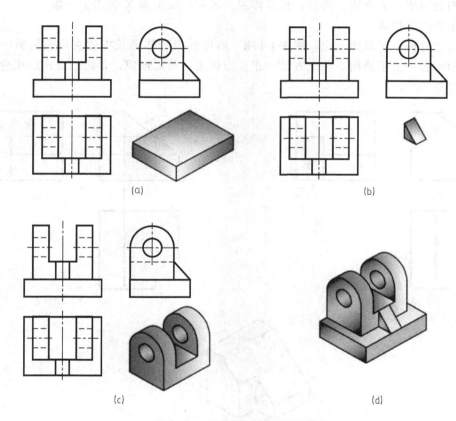

图 3-4-6　形体分析法读图举例

3.4.2.2　线面分析法

切割式组合体视图中的图线及线框比较复杂，读图困难。因此，读图时需要在形体分析的基础上辅以线面分析法。

所谓线面分析法，就是利用线、面的投影规律分析确定组合体各表面的形状和相对位置。从而想象出形体的形状。下面以图 3-4-1（b）所示的组合体为例加以说明。

（1）形体分析

从三个视图的外形看，该形体原形是一长方体，然后经过不同切割方式切割而成。从俯视图的缺角及形状可以看出，长方体的左前方有一上下贯通的切槽；从主视图的缺角形状可以看出，长方体左上方被一平面切角。

（2）线面分析

通过上面的分析，该形体的轮廓形状已初步形成，但它被什么样的平面切割，切割后形成什么样的形状，各个面的投影是什么，都需要进一步分析。

在图 3-4-7(a) 的主视图中，根据投影规律，线框 p' 在俯视图、左视图中对应的投影只有直线 p 和 p''，因此该线框为一正平面 P。同理可确定出左视图中的线框 q'' 为侧平面 Q，所以长方体左前侧是被一正平面 P 和侧平面 Q 切去了一通槽。

在图 3-4-7(b) 的主视图中，根据投影规律，直线段 r' 在俯视图、左视图中的投影只能对应封闭线框 r 和 r''，因此 R 为一正垂面，它在俯视图和左视图中的投影互为类似形，在主视图上的投影积聚为直线。所以，长方体左上方被一正垂面 R 切去了一角。

（3）综合构思整体

综合以上分析，可以想象出，图 3-4-1(b) 给出的组合体是长方体在左前侧被一正平面和一侧平面切去一上下通槽，左上方被一正垂面切去一角而形成，最终想象出的组合体形状如图 3-4-7(c) 所示。

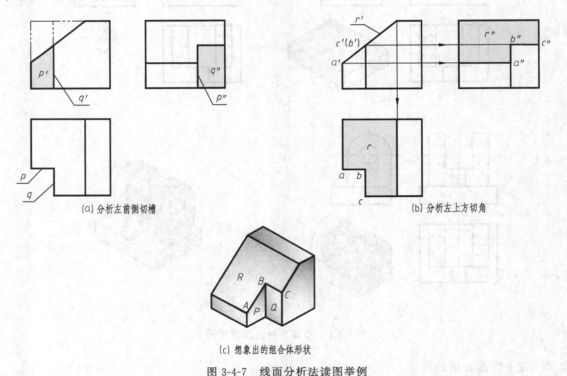

(a) 分析左前侧切槽　　　　　　　　　　　(b) 分析左上方切角

(c) 想象出的组合体形状

图 3-4-7　线面分析法读图举例

3.4.3　识绘图举例

3.4.3.1　由已知两视图补画第三视图

由已知两视图补画第三视图是训练读图能力，培养空间想象力的重要手段。补画视图实际上是读图和画图的综合练习，一般可分如下两步进行：

① 根据已给的视图按前述方法将图看懂，并想象出物体的形状。

② 在想象出形状的基础上再进行作图。作图时，应根据已知的两个视图，按各组成部分逐个作出第三视图，进而完成整个物体的第三视图。

例如图 3-4-8(a) 所示的两视图，根据已知的两视图，可以看出该物体是由底板、前半圆板和后立板叠加起来后，又切去一个通槽、钻一个通孔而成的。补画左视图的具体作图步骤如图 3-4-8(b)～(f) 所示。

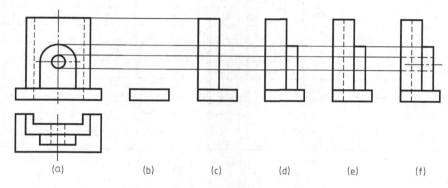

图 3-4-8　由已知两视图补画第三视图

3.4.3.2　补画视图中的漏线

补漏线就是在给出的三视图中，补画缺漏的线条。首先，运用形体分析法，看懂三视图表达的组合体形状，然后细心检查组合体中各组成部分的投影是否有漏线，最后将缺漏的线补出。

补画图 3-4-9(a) 组合体中的漏线。通过投影分析可知，三视图所表达的组合体由柱体和座板叠加而成，两组成部分分界处的表面是相切的，如图 3-4-9(b) 所示。

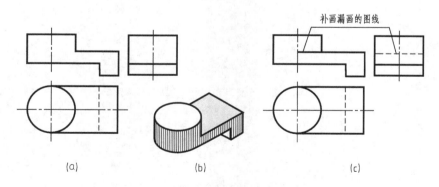

图 3-4-9　补画组合体视图中缺漏的图线

对照各组成部分在三视图中的投影，发现在主视图中相切处（座板最前面）缺少一条粗实线；在左视图缺少座板顶面的投影（一条细虚线）。将它们逐一补上，如图 3-4-9(c)所示。

记一记

项目四　机件表达方法

【项目导读】　在生产实际中，机器零件的结构和形状是多种多样的，对于复杂的零件，仅仅用前面所学的三视图是无法完整清晰的表示出来的。为了正确、完整、清晰地表达零件的内部和外部结构形状，国家标准《技术制图》和《机械制图》中规定了视图、剖视图、断面图及其他规定画法、简化画法等常用表达方法。要正确绘制和阅读机械图样，必须掌握机件各种表达方法的特点和画法。

任务 4.1　绘制压紧杆的局部视图和斜视图

引导问题

• 基本视图与向视图有何区别？

• 局部视图、斜视图适用表达什么结构特点的机件？

【任务导入】

图 4-1-1（a）、（b）是压紧杆及其三视图。这种表达方案是否合理？请为压紧杆选择最佳表达方案。

【知识链接】

在机械制图中，将机件向投影面作正投影所得到的图形，称为视图。根据 GB/T 17451—1998 和 GB/T 4458.1—2002 的规定，视图主要用来表达机件的外部结构形状，一般只画出机件的可见部分，必要时才用虚线表达其不可见部分，视图通常有基本视图、向视图、局部视图和斜视图四种。

4.1.1　基本视图

将机件向各基本投影面投射所得的视图，称为基本视图。

如图 4-1-2(a) 所示，在原有三投影面（正投影面、水平投影面和侧投影面）的基础上

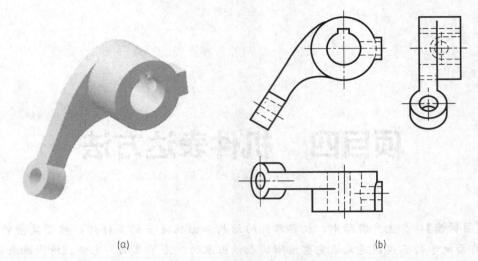

(a)   (b)

图 4-1-1 压紧杆及其三视图

再增设三个与其分别平行的投影面，即可围成一个正六面体，正六面体的六个面称为六个基本投影面。将机件置于正六面体中间，分别向六个投影面作正投影，得到机件的六个基本视图。这样，除了已经学习过的三个视图（主视图、俯视图和左视图）外，又增加了由右向左、由后向前、由下向上投影所得的右视图、后视图和仰视图。

为了将六个基本视图画在图纸平面内，需要将六个面连同其上的视图一同展开。展开方法是：保持正立投影面不动，其余投影面展开，直至与正立投影面处于同一平面，如图4-1-2(b) 所示。展开后各视图的配置关系如图 4-1-3 所示。

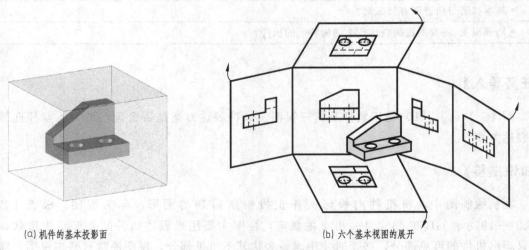

(a) 机件的基本投影面   (b) 六个基本视图的展开

图 4-1-2 基本投影的形成

（1）六个基本视图

主视图——由前向后投射所得的视图；

俯视图——由上向下投射所得的视图；

左视图——由左向右投射所得的视图；

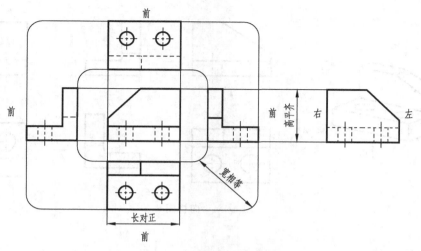

图 4-1-3　基本视图的配置

右视图——由右向左投射所得的视图；

仰视图——内下向上投射所得的视图；

后视图——由后向前投射所得的视图。

（2）基本视图的投影关系

六个基本视图的投影规律仍满足"长对正、高平齐、宽相等"的三等规律，即主、俯、仰、后视图等长，主、左、右、后视图等高，左、右、仰、俯视图等宽。

（3）基本视图的方位关系

六个基本视图按图 4-1-3 所示配置时，一律不标注视图的名称。基本视图的方位关系，除后视图外，其他视图远离主视图的一侧均表示机件的前方，靠近主视图的一侧均表示机件的后方，即"里后外前"。而后视图与主视图反映机件的上下方位是一致的，但左右方位则正好相反。

实际使用时，并非要将六个基本视图都画出来，而是根据机件形状的复杂程度和结构特点，选择需要的基本视图。在明确表达机件的前提下，应使视图（包括后面所讲的剖视图和断面图）数量为最少。

4.1.2　向视图

有时为了合理利用图纸，可将视图自由配置在图纸的空余地方，这种可自由配置的视图称为向视图。

为了便于读图，应标注向视图的名称。方法是在其上方中间位置用大写拉丁字母标注出视图的名称（如"A""B"等）。在相应视图附近用箭头指明投影方向，并注上同样的字母。如图 4-1-4 所示向视图 D、E、F。

向视图是基本视图的另一种表现形式，它们的主要差别在于视图的配置发生了变化。所以，在向视图中，表示投射方向的箭头应尽可能配置在主视图上，以便使所获视图与基本视图一致。而绘制以向视图方式表达的后视图时，应将投射箭头配置在左视图或右视图上。

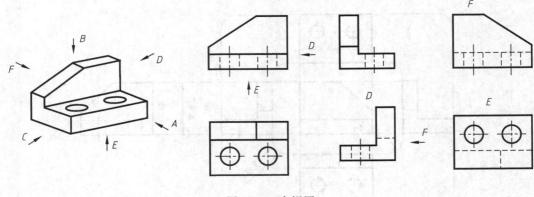

图 4-1-4　向视图

4.1.3　局部视图

将机件的一部分向基本投影面投射所得的视图称为局部视图。

当机件的主体已由一组基本视图表达清楚，但机件上仍有部分结构尚需表达，而又没有必要再画出完整的基本视图时，可采用局部视图。如图 4-1-5 所示的机件，用主、俯两个基本视图已清楚地表达了主体形状，但为了表达左、右两个凸缘形状，再增加左视图和右视图，就显得烦琐和重复，此时可采用两个局部视图，只画出所需表达的左、右凸缘形状，则表达方案既简练又突出了重点。

局部视图的配置、标注及画法：

① 局部视图可按基本视图的配置形式配置；也可按向视图的配置形式配置并标注，如图 4-1-5 所示。当局部视图按投影关系配置，中间又没有其他视图隔开时，可省略标注。

② 局部视图的断裂边界应以波浪线或双折线表示，如图 4-1-5 中的 A 向视图。当所表示的局部结构是完整的，且外轮廓线成封闭图形时，断裂边界可省略不画，如图 4-1-5 中的 B 向视图。

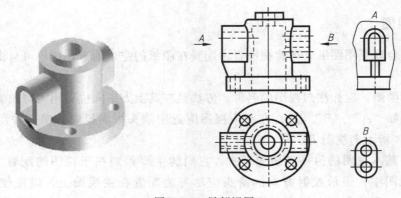

图 4-1-5　局部视图

4.1.4 斜视图

当机件某一部分的结构形状是倾斜的，无法在基本投影面上表达该部分的真实形状时，将该部分倾斜结构向不平行于基本投影面的平面投射，所得的视图称为斜视图，如图 4-1-6 所示。将倾斜结构向与其平行的 H_1 面投射，再把 H_1 面沿投影方向旋转到与 H 面共面的位置，就可得到反映该部分实际形状的斜视图。

斜视图的画法与注意事项：

① 画出图形的对称线（对称线应平行于倾斜部分的主要轮廓线）。

② 斜视图上与投射方向一致的方向的尺寸是该倾斜结构的宽度，应与俯视图等宽；与投射方向垂直的方向的尺寸，应与倾斜结构的主视图对应相等，如图 4-1-7(a) 中俯视图和斜视图对应的宽度相等。

③ 斜视图是为了表示机件上倾斜结构的真实形状，所以画出了倾斜结构的投影之后，就应用波浪线或双折线将图形断开，不再画出其他部分的投影。

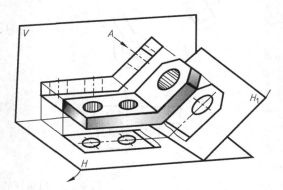

图 4-1-6　斜视图的形成

④ 斜视图必须在视图上方用大写拉丁字母表示视图的名称，在相应的视图附近用箭头指明投射方向，并注上相同字母。

⑤ 斜视图一般按向视图配置。必要时也可以配置在其他位置，在不致引起误解时，允许将图形旋转配置，如图 4-1-7(b) 所示。斜视图旋转后要加注旋转符号。旋转符号表示图形的旋转方向，因此其箭头所指旋转方向要与图形旋转方向一致，且字母要写在箭头的一侧，并与看图的方向相一致，旋转符号的画法如图 4-1-7(c) 所示。

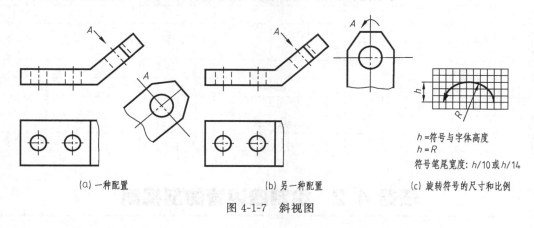

h=符号与字体高度
$h = R$
符号笔尾宽度：$h/10$ 或 $h/14$

(a) 一种配置　　　　　　　(b) 另一种配置　　　　　　(c) 旋转符号的尺寸和比例

图 4-1-7　斜视图

4.1.5 压紧杆的表达方案

图 4-1-1 中压紧杆的耳板是倾斜的，所以它的俯视图和左视图都不能反映耳板的真实形状，右边凸台也未能表达清楚，可见用三视图表达压紧杆不是好的表达方案。根据压紧杆的结构特点，可以选择斜视图和局部视图共同表达压紧杆。图 4-1-8 所示为压紧杆的两种表达方案。

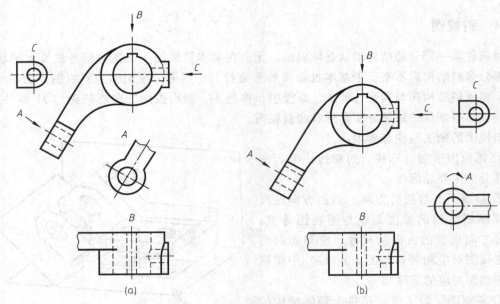

图 4-1-8 压紧杆的斜视图和局部视图

记一记

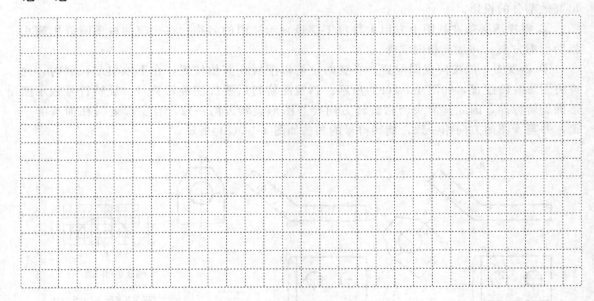

任务 4.2 　绘制四通管的剖视图

引导问题

• 什么是剖视图？剖视图如何分类，分别用于表达什么类型的机件？

• 剖切平面有哪几种？

【任务导入】

分析图 4-2-1 所示的四通管的形状结构,用适当的方法表示该零件。

【知识链接】

当零件的内部结构形状复杂时,视图上就会出现许多虚线,从而影响图形的清晰性和层次性,既不利于看图,又不便于标注尺寸。为了清晰地表达零件的内部结构形状,国家标准《机械制图 图样画法》中,规定采用剖视图来表达零件的内部结构形状。

图 4-2-1 四通管立体图

4.2.1 剖视图的概念、画法及标注

4.2.1.1 剖视图的形成

假想用剖切面剖开机件,将处在观察者和剖切面之间的部分移开,将剩余部分全部向投影面投射所得的图形,称为剖视图,简称剖视。图 4-2-2(a) 是支架的主、俯视图,从图中

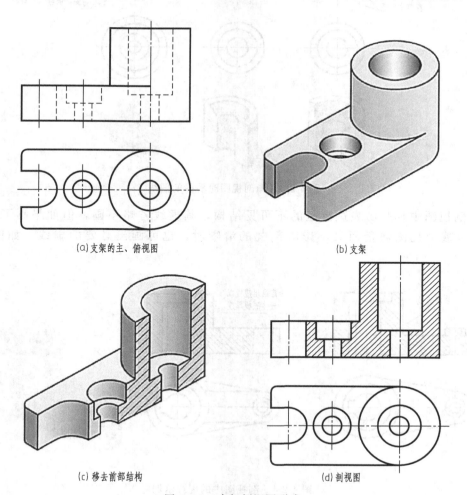

(a)支架的主、俯视图

(b)支架

(c)移去前部结构

(d)剖视图

图 4-2-2 支架剖视图形成

可看出它的外形比较简单，内形比较复杂，前后对称，上下和左右都不对称。如图 4-2-2(c)所示，假想用一个剖切平面沿支架的前后对称面将它完全剖开，移去前部分，向正立投影面投射，便得到支架的全剖视图，如图 4-2-2(d) 所示。

4.2.1.2 画剖视图应注意的问题

① 剖开机件是假想的，并不是真正把机件切掉一部分，因此，对每一次剖切而言，只对一个视图起作用，按规定画法绘制成剖视图，而不影响其他视图的完整性，如图 4-2-2(d) 所示，俯视图应完整画出。

② 剖切面应尽量通过机件上孔、槽的中心线或对称平面，才能画出机件内部真实形状，以避免剖切后出现不完整的结构要素。

③ 剖切后留在剖切平面之后的结构应全部向投影面投射，并用粗实线画出所有可见部分的投影。图 4-2-3 所示的图线是画剖视图时容易漏画的图线，画图时应特别注意。

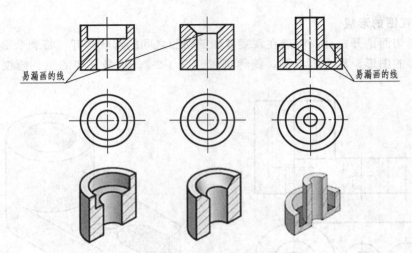

图 4-2-3　画剖视图时易漏的图线

④ 剖视图中凡是已表达清楚的不可见结构，其虚线省略不画，但如果画了少量虚线就可以减少视图数量而又不影响剖视的清晰时，也可画出必要的虚线，如图 4-2-4 所示。

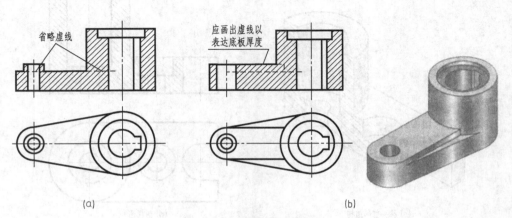

图 4-2-4　剖视图中的虚线示例

4.2.1.3　剖面符号

在剖视图中，剖切面与机件的接触部分应画出剖面符号，以便区分机件被剖切处是实心或空心，同时还表示该机件的材料类别。国家标准规定了各种材料的剖面符号，表 4-2-1 所示为常用材料的剖面符号。

表 4-2-1　常用材料的剖面符号（GB/T 4457.5—1984）

金属材料(已有规定剖面符号者除外)		线圈绕组元件	
转子、电枢、变压器等叠钢片		非金属材料(已有规定剖面符号者除外)	
型砂、粉末冶金、砂轮、陶瓷、硬质合金		玻璃及供观察用的其他透明材料	
木材	纵剖面	液体	
	横剖面		

当不需在剖面区域中表示材料的类别时，可采用通用剖面线表示。通用剖面线用与主要轮廓线或剖面区域的对称线成45°角的等距细实线表示。对同一机件，在它的各个剖视图和断面图中，所有剖面线的倾斜方向、间隔应一致。当机件上倾斜部分的轮廓线与其他部分轮廓线成45°时，其图形的剖面线应画成30°或60°，倾斜方向仍与其他图形的剖面线方向一致，如图 4-2-5、图 4-2-6 所示。

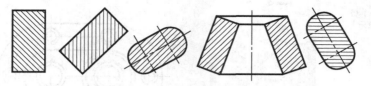

图 4-2-5　通用剖面线画法

4.2.1.4　剖视图的标注

为了便于看图，在画剖视图时，应将剖切位置、剖切后的投射方向和剖视图名称标注在相应的视图上，如图 4-2-7 所示。标注的内容有以下三项：

（1）剖切符号

一般用剖切符号来表示剖切面的位置。在相应的视图上，用剖切符号（线长 5～8mm 的粗实线）表示剖切面的起、止和转折处位置，并尽可能不与图形的轮廓线相交。

（2）投射方向

在剖切符号的两端外侧，用箭头指明剖切后的投射方向。

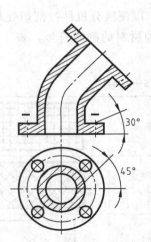

图 4-2-6　特殊角度的剖面画法

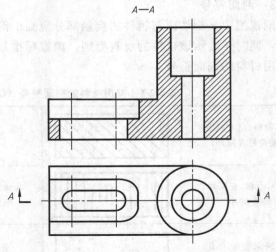

图 4-2-7　剖视图的配置与标注

（3）剖视图的名称

在剖视图的上方用大写拉丁字母标注剖视图的名称"*X*—*X*"，并在剖切符号的一侧注上同样的字母。

在下列两种情况下，可省略或部分省略标注：

① 当剖视图按基本视图关系配置，且中间又没有其他图形隔开时，可省略箭头。

② 当单一剖切平面通过零件的对称平面或基本对称平面，且剖视图按基本视图关系配置时，中间又没有其他图形隔开时，可以不加标注，如图 4-2-8 所示。

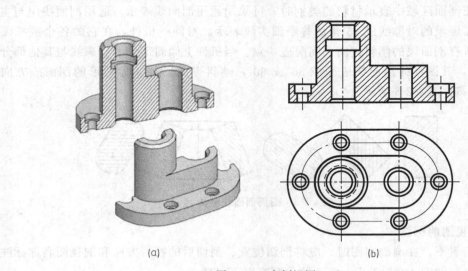

（a）　　　　　　　　　　　　　　（b）

图 4-2-8　全剖视图

4.2.2　剖视图的种类

根据机件内部结构表达的需要以及剖切范围大小，剖视图可分为全剖视图、半剖视图和局部剖视图。

4.2.2.1 全剖视图

用剖切面完全地剖开机件所得到的剖视图，称为全剖视图，如图 4-2-8 所示。全剖视图适用于表达外形简单而内部结构复杂的机件。它的标注规则与上节所述一致。

4.2.2.2 半剖视图

当零件具有对称平面时，在垂直于对称平面的投影面上投影所得的图形，可以对称中心线为分界，一半画成剖视图以表达内形，另一半正常绘制以表达外形，这种视图称为半剖视图。半剖视图主要用于内、外形状都需要表示的对称零件；当零件形状接近对称且不对称部分已在其他视图中表达清楚时，也可画成半剖视图，如图 4-2-9 所示。

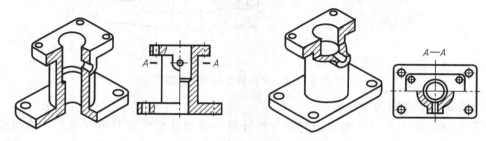

图 4-2-9　半剖视图

画半剖视图时，视图和剖视图的分界线应为细点画线。由于图形对称，机件的内部结构在剖视图一侧中已表达清楚，故在表达外形的另半个视图中，虚线应省略不画。这种表达方式弥补了全剖视图不能完整表达机件外部结构的缺点。

半剖视图的标注规则和全剖视图相同。在图 4-2-9 中，主视图是用前后对称平面剖切后所得，且按投影关系配置，可省略标注；对俯视图而言，剖切面不是机件对称面，所以在图形上方标出剖视图名称"A—A"，并在主视图中用带字母 A 的剖切符号注明剖切位置，因为按投影关系配置，又无其他图形隔开，故省略了表示投影方向的箭头。

4.2.2.3 局部剖视图

当机件的内部结构尚有部分未表达清楚，但不必用全剖视或不宜用半剖视时，可用剖切面局部地剖开机件，所得剖视图称为局部剖视图，如图 4-2-10 所示。局部剖切后，机件断裂处用波浪线（或双折线）表示，它是剖视图部分与视图部分的分界线。

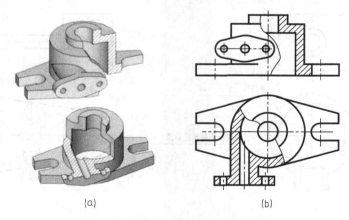

(a)　　　　　　　　(b)

图 4-2-10　不对称机件局部剖视图

（1）局部剖的适用范围

① 当不对称的机件内外形均需要表达时，如图 4-2-10 所示，采用局部剖既表达了机件

的内部结构，又尽可能多地保留了外形形状。

② 当机件只有局部内形需要表达，而不宜采用全剖视图时，如图 4-2-11 中的机件，可采用局部剖表达两个圆孔和一个螺纹孔。

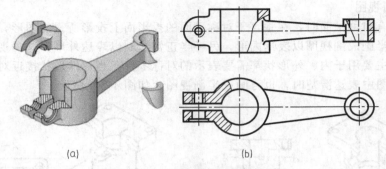

(a)   (b)

图 4-2-11　对称机件局部剖视图

（2）画局部剖视图的注意事项

① 局部剖视图中的机件剖与未剖部分的分界一般用波浪线或双折线表示。波浪线与双折线不应和图样上其他图线或其延长线重合，如图 4-2-12(a)、（b）所示；遇孔、槽时不能穿孔而过，也不能超出视图的轮廓线，如图 4-2-12(c) 所示；当被剖结构为回转体时，允许将结构的中心线作为局部剖视与视图的分界线，如图 4-2-12(d) 所示。

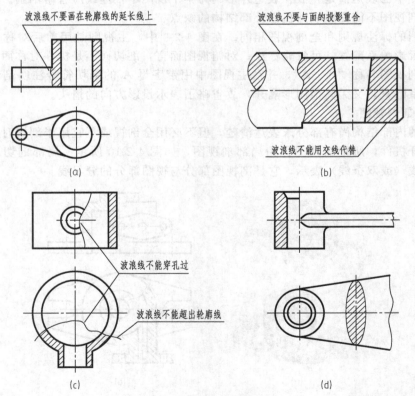

(a)　　　　　　　　　　　　　(b)

(c)　　　　　　　　　　　　　(d)

图 4-2-12　局部剖视图波浪线的画法

② 若具有对称结构的机件在对称面上有粗实线，不能采用半剖视图时，可用局部剖视图来表达，如图 4-2-13 中所示。

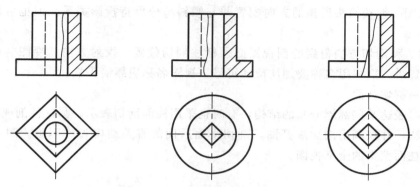

图 4-2-13 用局部剖视图表达机件

4.2.3 剖切面的种类

由于机件内部结构多种多样，常需选用不同数量、位置的剖切面来剖开机件，才能把机件的内部形状表达清楚。因此，画剖视图时剖切面的选择很重要。剖切面分为单一剖切面、几个平行的剖切面和几个相交的剖切面三种，运用其中任何一种都可以得到全剖视图、半剖视图和局部剖视图。

4.2.3.1 单一剖切面

单一剖切面包括单一剖切平面和单一剖切柱面。单一剖切平面有平行或不平行于基本投影面两种。

（1）平行于某一基本投影面的单一剖切平面

前面所述的全剖视图、半剖视图、局部剖视图都是用平行于基本投影面的单一剖切平面剖开机件而得到的剖视图，如图 4-2-2～图 4-2-13 所示。这种剖切方法用于表示机件内部结构分布在同一平面上且平行于基本投影面。

（2）不平行任何基本投影面的单一剖切平面

如图 4-2-14 中的视图 $A—A$，是用不平行于基本投影面的单一剖切平面剖开机件而得到的全剖视图，这种剖切方法用于表达机件上倾斜部分的内部结构形状。

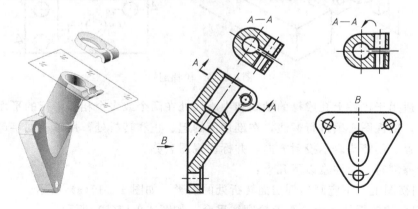

图 4-2-14 单一斜剖切的剖视图

用不平行任何基本投影面的单一剖切平面剖切时，应注意以下几个问题：

① 假想增设一个与剖切平面平行的辅助投影面并向该面投射。

② 剖视图一般按箭头所指的方向配置并与倾斜部分保持投影关系。但也可配置在其他位置。

③ 采用这种剖切方法得到的剖视图必须标注剖切位置、投射方向、视图名称。当剖视图是旋转配置时，剖视图名称要加注旋转符号，视图名称应靠箭头端。

（3）单一剖切柱面

为了准确表达某些圆周分布的结构，有时也采用柱面剖切表示。画这种剖视图时，通常采用展开画法，并仅画出剖面展开图，剖切平面后面的有关结构省略不画。图 4-2-15 为采用单一剖切柱面获得的全剖视图。

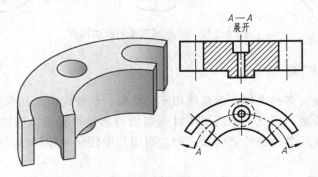

图 4-2-15　柱面剖切的全剖视图

4.2.3.2　几个平行的剖切面

有些机件的内部结构较复杂，用单一剖切面不能将机件的内部机构都剖开，这时可采用几个相互平行的剖切面去剖开机件，此种剖切称为阶梯剖，如图 4-2-16 所示。

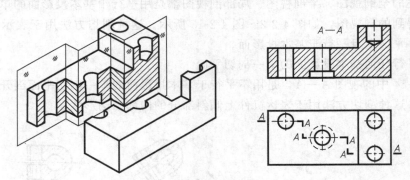

图 4-2-16　阶梯剖

阶梯剖适用于机件上孔或槽的轴线和中心线处在两个或多个相互平行的平面的情况。采用阶梯剖时，剖视图必须进行标注，在剖切面的起、止和转折处，用带相同字母的剖切符号表示剖切位置，用箭头表示投射方向，并标注视图名称。

采用阶梯剖时，应注意以下几点：

① 在剖视图上，不应画出剖切面转折处的投影，如图 4-2-17（a）所示。

② 剖切面的转折处不应与图形轮廓线重合，如图 4-2-17（b）所示。

③ 在图形内一般不应出现不完整的要素，如图 4-2-17（c）所示，仅当两个要素在图形上具有公共对称中心线或轴线时，可以各画一半，此时应以对称中心线或轴线为界，如图 4-2-17（d）所示。

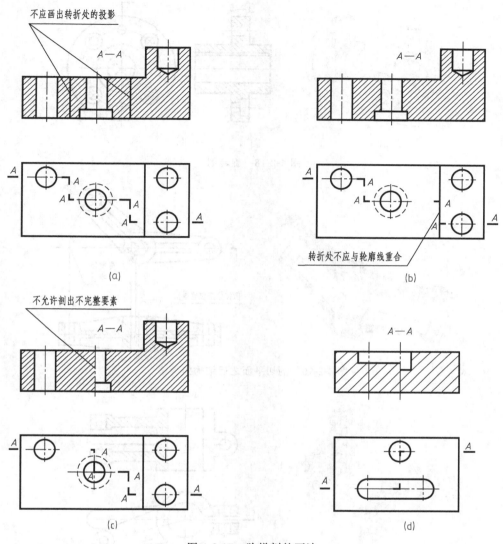

图 4-2-17 阶梯剖的画法

4.2.3.3 两相交剖切面

如图 4-2-18 所示，当机件的内部结构形状用一个剖切平面不能表达完全，而机件又具有回转轴时，可以用两个相交的剖切平面剖开机件，并将与基本投影面不平行的那个剖切平面剖开的结构及其有关部分旋转到与基本投影面平行，再进行投射，这种剖视称为旋转剖视。

采用旋转剖画剖视图时，首先把由倾斜平面剖开的结构连同有关部分旋转到与选定的基本投影面平行，然后再进行投影，如图 4-2-18 中的"A—A"剖视图。

在剖切平面后的其他结构，一般仍按原来位置投影，如图 4-2-19 所示。当剖切后产生不完整要素时，应将该部分按不剖画出，如图 4-2-20 所示。

旋转剖必须标注。标注时，在剖切平面的起、止、转折处画上剖切符号，并在其附近标注大写的拉丁字母，在起、止处画出箭头表示投影方向；在所画视图上方中间位置处用相同字母注出剖视图名称"X—X"，如图 4-2-18～图 4-2-20 所示。

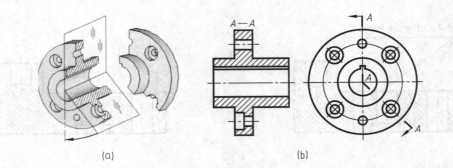

图 4-2-18 旋转剖

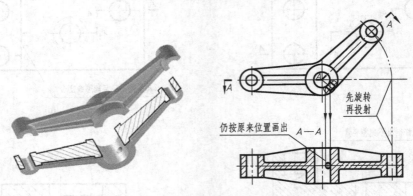

先旋转
再投射

仍按原来位置画出

图 4-2-19 剖切平面之后结构的画法

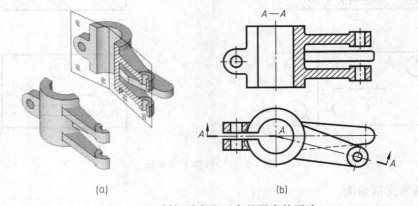

(a)   (b)

图 4-2-20 剖切后产生不完整要素的画法

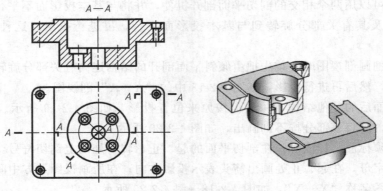

图 4-2-21 复合剖

4.2.3.4 组合的剖切面

当以上 3 种方法都不能简单而又集中地表示出机件的内形时，可以把它们结合起来应用，这种剖视就称为复合剖，如图 4-2-21 所示。使用这种方法画剖视图时，应将各剖切平面当成一个平面作图。

当采用连续几个旋转剖的复合剖时，一般用展开画法（即将剖切平面按顺序由上到下展开在同一平面上，然后再进行投射），如图 4-2-22 所示中的"A—A 展开"。

复合剖的标注和上述标注相同，只有采用展开画法时，才在剖视图上方中间位置标注"X—X 展开"。

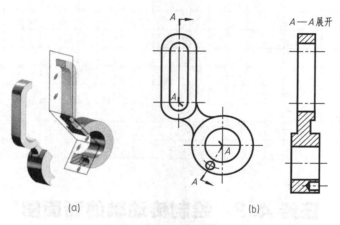

图 4-2-22 复合剖展开画法

4.2.4 四通管的表达方案

根据四通管零件的立体图（图 4-2-1），可知四通管的形状结构较为复杂，需要用一个全剖的主视图、全剖的俯视图、两个局部视图和一个斜视图来表达。主视图采用了几个相交平面的全剖视图（A—A），主要表达四通管的内部连通情况。俯视图采用几个平行平面的全剖视图（B—B），主要表达上、下两水平支管的相对位置，同时还反映出总管道下端法兰的形状。全剖视图（C—C）表达了上边支管左端法兰的形状和四个圆孔的分布情况，D向局部视图表达了总管顶部法兰的形状，E 向斜视图表达了下水平支管（右斜支管）端部法兰的形状，如图 4-2-23 所示。

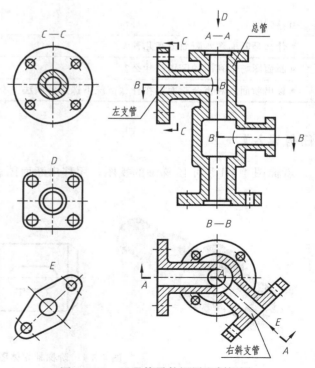

图 4-2-23 四通管零件视图和剖视图

记一记

任务 4.3 绘制传动轴的断面图

引导问题

• 什么是断面图？断面图有几种？

• 断面图与剖视图的区别是什么？

• 移出断面图和重合断面图在什么情况下选用？画法上有什么区别？

【任务导入】

看懂图 4-3-1 所示阶梯轴的视图，用移出断面图表达阶梯轴的键槽和小孔。

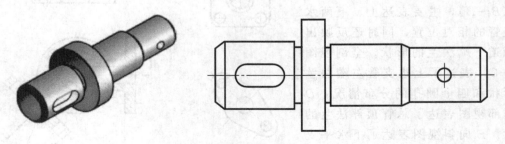

图 4-3-1 阶梯轴立体图和视图

4.3.1 断面图的概念

根据 GB/T 4656—2008 规定，假想用剖切面将机件的某处切断，仅画出断面的图形，这种图形称为断面图，简称断面，如图 4-3-2(a) 所示。

为了表示键槽的深度和宽度，假想在键槽处用垂直于轴线的剖切平面将轴切断，只画出断面的形状，并在断面上画出剖面线，如图 4-3-2(b) 所示。

断面图和剖视图的区别是：断面图仅画出机件被剖切断面的形状，而剖视图除了画出断面形状外，还必须画出断面后的可见轮廓线，如图 4-3-3 所示。

断面图常用于表达机件上某一局部的断面形状，如机件上的肋板、轮辐、键槽、小孔及连接板横断面和各种型材的断面形状等。

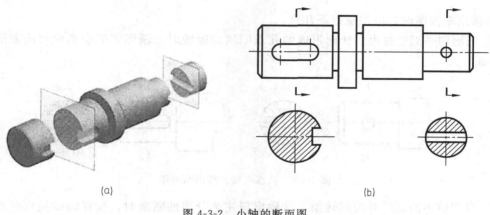

(a) (b)

图 4-3-2 小轴的断面图

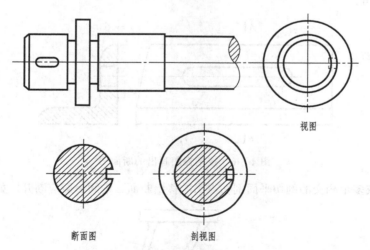

视图

断面图 剖视图

图 4-3-3 断面图与剖视图的区别

4.3.2 断面图的种类

根据断面图在绘制时所配置的位置不同，断面图可分为移出断面图和重合断面图两种。

4.3.2.1 移出断面图

在视图外画出的断面图称为移出断面图。规定移出断面的轮廓线用粗实线绘制，并尽量配置在剖切符号的延长线上，也可画在其他适当位置，如图 4-3-4 所示。

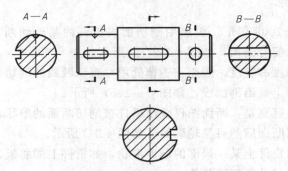

图 4-3-4　移出断面图的画法

画移出断面图时，应注意以下几点：

① 当剖切平面通过由回转面形成的孔或凹坑的轴线时，断面图形应画成封闭图形，如图 4-3-5。

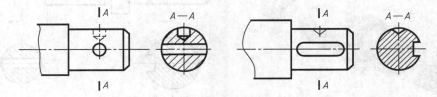

图 4-3-5　孔或凹坑的移出断面图

② 当剖切平面通过非圆回转面，导致出现完全分离的断面时，这样的结构也应按剖视画出，如图 4-3-6。

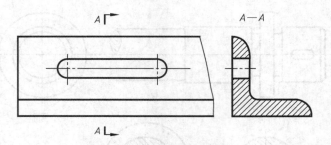

图 4-3-6　按剖视图画出的断面图

③ 由两个或多个相交的剖切平面剖切得出的移出断面，中间一般应断开，如图 4-3-7 所示。

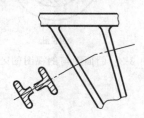

图 4-3-7　由两个相交平面剖切所得的移出断面图

④ 移出断面的标注：移出断面一般用剖切符号表示剖切的起止位置，用箭头表示投影方向，并标注大写拉丁字母，在断面图的上方用同样的字母标出相应的名称"X—X"，如图 4-3-5 所示。

移出断面图的标注形式及内容与剖视图相同。标注可按照具体情况简化或省略，见表 4-3-1。

表 4-3-1　移出断面的标注

断面类型	剖切平面的位置		
	配置在剖切线或剖切符号延长线上	不在剖切符号的延长线上	按投影关系配置
对称的移出断面	剖切线 细点画线 省略标注	省略箭头	省略箭头
不对称的移出断面	省略字母	标注剖切符号、箭头和字母	省略箭头

4.3.2.2　重合断面图

画在视图内的断面图称为重合断面图，如图 4-3-8 所示。

重合断面图的轮廓用细实线绘制。当视图中的图线与重合断面的图线重叠时，视图中的图线仍应连续画出，不可间断，如图 4-3-8(a) 所示。

当重合断面为不对称图形时，需标注其剖切位置和投影方向，如图 4-3-8(a) 所示，当重合断面为对称图形时，一般不必标注，如图 4-3-8(b) 所示。

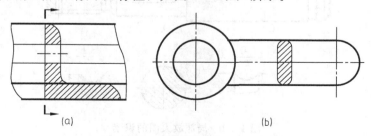

(a)　　　　　　　　　　(b)

图 4-3-8　重合断面图的画法及标注

记一记

任务 4.4　识读传动轴的局部放大图

引导问题

• 什么是局部放大图？局部放大图放置的位置、标注有什么要求？
• 机件上的肋板、轮辐及薄壁等结构的画法有什么规定？
• 对呈规律分布的重复结构可以如何表达？
• 对于结构连续的较长机件可以如何表达？

【任务导入】

识读轴上细小结构的局部放大图，如图 4-4-1 所示。

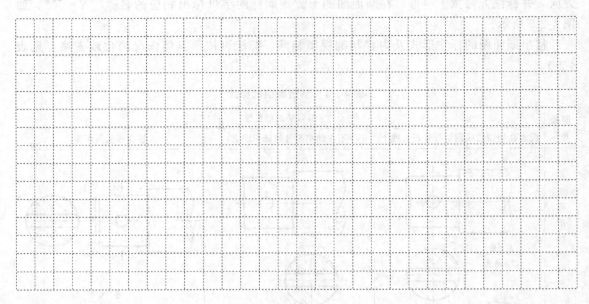

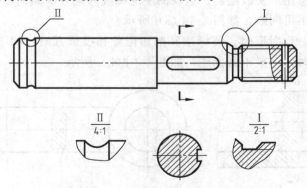

图 4-4-1　局部放大图的识读

【知识链接】

为了把机件的结构形状表达得更清楚、更简练，除了视图、剖视图和断面图等表达方法之外，对机件上的一些特殊结构，还可以采用一些局部放大、规定画法和简化画法。

4.4.1 局部放大图

为了把零件上某些结构在视图上表达清楚，可以将这些结构用大于原图形所采用的比例画出，这种图形称为局部放大图。

局部放大图可画成视图、剖视图、断面图，它与被放大部分的表达方式无关。绘制局部放大图时，用细实线圈出被放大的部位，并尽量配置在被放大部位的附近。当同

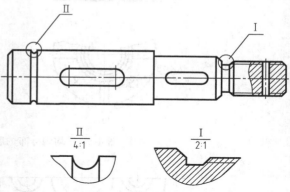

图 4-4-2 局部放大图的画法及标注

一物体有几个被放大部位时，必须用罗马数字依次标明，并在上方标注出相应的罗马数字和采用的比例。若只有一处被放大时，在局部放大图上方只需注明所采用的比例，如图 4-4-2 所示。

4.4.2 简化画法

简化画法包括规定画法、省略画法和示意画法。

（1）规定画法

① 机件上的肋板、轮辐及薄壁等结构，如果纵向剖切，则不要画剖面符号，而是用粗实线将它们与其相邻结构分开，如图 4-4-3（a）左视图所示。但是如果是横向剖切，就应该画剖面符号，如图 4-4-3（a）俯视图所示。

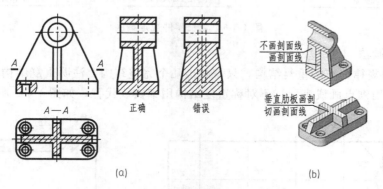

图 4-4-3 剖视图中肋板的剖切画法

当回转体上均匀分布的肋板、轮辐、孔等结构不处于剖切平面上时，可将这些结构假想旋转到剖切平面上画出，如图 4-4-4 所示。

② 在不致引起误解时，对称零件的视图可只画一半或四分之一，并在对称中心线的两端画出两条与其垂直的平行细实线，如图 4-4-5 所示。

③ 当较长零件（轴、杆等）沿长度方向的形状一致或按一定规律变化时，可断开后缩短绘制，其断裂边界可用波浪线、双折线或细双点画线绘制，采用这种画法时，尺寸应按原长标注，如图 4-4-6 所示。

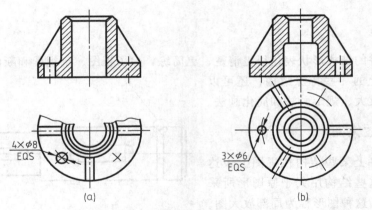

图 4-4-4　均匀分布的肋板、孔的剖切画法

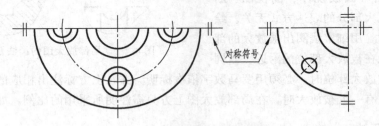

图 4-4-5　对称零件的规定画法

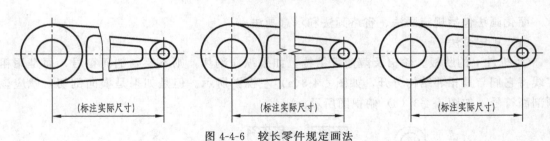

图 4-4-6　较长零件规定画法

（2）省略画法

① 图中呈规律分布的重复结构，只需画出几个完整结构，注明重复结构的数量和类型。对称重复结构用细点画线表示，不对称重复结构用细实线代替，如图 4-4-7 所示。

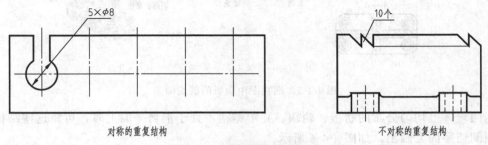

图 4-4-7　重复结构省略画法

② 若干直径相同且按规律分布的孔（圆孔、螺纹孔等）、管道等，可以仅画一个或几个，其余只需标明其中心位置，但在零件图上要注明孔的总数，如图 4-4-8 所示。

（3）示意画法

① 在不致引起误解时，机件上较小的过渡线和相贯线可以简化为直线或圆弧，也可采

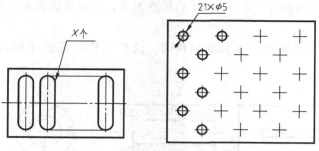

图 4-4-8　呈规律分布的孔省略画法

用模糊画法表示相贯线，如图 4-4-9 所示。

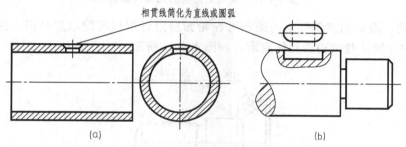

图 4-4-9　相贯线的简化画法

② 当回转体机件上的小平面在图形中不能充分表达时，可用相交的两条细实线表示，如图 4-4-10 所示。

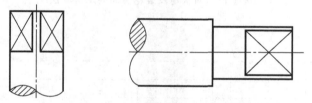

图 4-4-10　回转体机件上的小平面的画法

③ 在不引起误解时，图中的小圆角、倒角可以省略不画，但必须注明尺寸或在技术要求中说明，如图 4-4-11 所示。

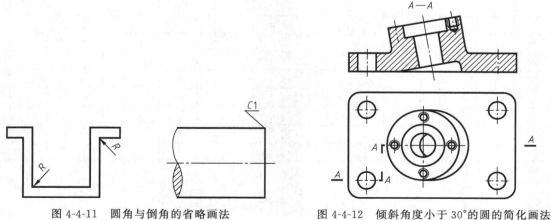

图 4-4-11　圆角与倒角的省略画法　　　图 4-4-12　倾斜角度小于 30° 的圆的简化画法

④ 对投影面倾斜角度等于或小于 30°的圆或圆弧，在该投影面上的投影可用圆或圆弧代替，如图 4-4-12 所示。

⑤ 在需要表示位于剖切平面前的结构时，这些结构可假想用细双点画线绘制，如图 4-4-13 所示。

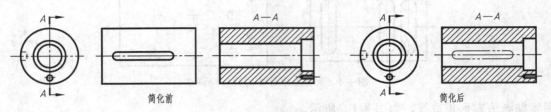

图 4-4-13 剖切平面前的结构的画法

⑥ 网状物、编织物或零件上的滚花可在轮廓线附近用粗实线示意画出，并在零件图上或技术要求中注明这些结构的具体要求，如图 4-4-14 所示。

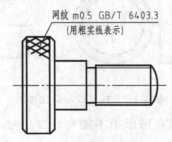

图 4-4-14 网状物及滚花表面的示意画法

记一记

项目五　标准件与常用件的识读与绘图

【项目导读】　各种机器、设备都是由若干零件按照一定的技术要求装配而成的。各零件之间必然存在着连接、传动和配合的关系，其中起连接作用的零件称为连接件。常用的连接件有螺栓、螺钉、螺母、垫圈、键、销等。由于这些零件使用量大，而且经常损坏，需要更换，为了便于专业化生产，国家对这些零件的结构、尺寸等制定了统一的标准，故称为标准件。在设计机器时，标准件不需要画零件图；看图时，根据标准件的标记代号可以从相应的标准中查出零件的形状和全部尺寸；若需要画零件图时，标准件可以根据国家标准规定，采用简化画法并标出标记代号。

在机械的传动、减振等方面，广泛应用齿轮、弹簧等机件。这些被大量使用的机件，只有部分结构被标准化，称为常用件。

本项目主要介绍标准件和常用件的基本知识、规定画法、代号及标注方法。

任务 5.1　识读铣刀头组件中的标准件

引导问题

• 什么是标准件？列举生产中常见标准件，并说明在生产中有什么意义。

• 什么是常用件，和标准件有什么区别？列举生产中常见的常用件。

【任务导入】

找出图 5-1-1 所示铣刀头组件中的标准件，并说明其功用。

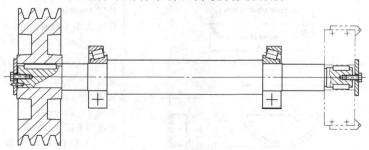

图 5-1-1　铣刀头组件

【知识链接】

　　螺栓、螺钉、螺母、垫圈、销、链、滚动轴承等都是应用范围广、需求量大的机件。为了减轻设计工作，提高设计速度和产品质量，降低成本，缩短生产周期和便于专业化生产，对这些面广量大的机件，从结构、尺寸到成品质量，国家标准都进行了明确的规定。

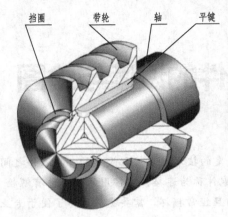

图 5-1-2　键连接

5.1.1　键连接

　　如果要把动力通过联轴器、离合器、齿轮、飞轮或带轮等机器零件传递到安装这个零件的轴上，通常在轮毂和轴上分别加工出键槽，把普通平键的一半嵌在轴里，另一半嵌在与轴相配合的零件的毂里，使它们一起转动，如图 5-1-2。

5.1.1.1　键的种类与标记

　　键是标准件，其结构、尺寸和标记都有相应的规定，常见的有普通平键、半圆键、钩头楔键等。普通平键应用最广，根据其头部的结构不同可分为圆头（A 型）、方头（B 型）和单圆头（C 型）三种，如图 5-1-3 所示。

A型　　　　B型　　　　C型

(a) 普通平键　　　　　　　　　　　(b) 半圆键　　　　　　(c) 钩头楔键

图 5-1-3　常用键

　　常用键的尺寸、标记和画法如表 5-1-1 所示。

表 5-1-1　常用键的尺寸、标记和画法

名称及标准	图例	标记
普通平键 A 型 GB/T 1096—2003		宽度 $b=16$mm 高度 $h=10$mm 长度 $l=80$mm 普通 A 型平键的标记： 　　　GB/T 1096　键　16×10×80
半圆键 GB/T 1099.1—2003		宽度 $b=10$mm 高度 $h=13$mm 直径 $d=32$mm 普通型半圆键的标记： 　　　GB/T 1099.1　键　10×13×32

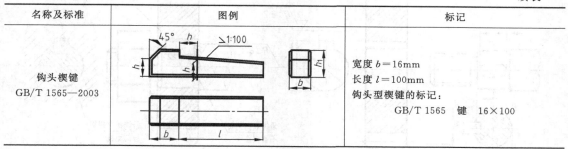

名称及标准	图例	标记
钩头楔键 GB/T 1565—2003		宽度 $b=16$mm 长度 $l=100$mm 钩头型楔键的标记: 　GB/T 1565　键　16×100

5.1.1.2 键连接的画法

普通平键和半圆键的两个侧面是工作面,所以键与键槽侧面之间应不留间隙;而键顶面是非工作面,它与轮毂的键槽顶面之间应留有间隙,如图 5-1-4 和图 5-1-5 所示。

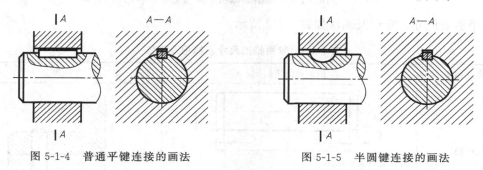

图 5-1-4　普通平键连接的画法　　　图 5-1-5　半圆键连接的画法

钩头楔键的顶面有 1:100 的斜度,连接时将键打入键槽。因此,键的顶面和底面为工作面,画图时上、下表面及两个侧面与键槽接触,如图 5-1-6 所示。

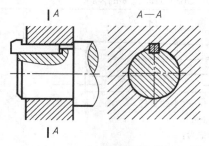

图 5-1-6　钩头楔键连接的画法

5.1.1.3 轴和轮毂上键槽的画法、尺寸标注

键和键槽的尺寸可根据轴的直径在附表 11 中查得,轴和轮毂上键槽的画法、尺寸标注如图 5-1-7 所示。

5.1.2 销连接

销连接也是机械中常见的连接方式之一,是一种主要用于确定零件之间相对位置并传递较小动力的连接。

常见的形式有圆柱销、圆锥销和开口销等。圆柱销和圆锥销可以连接零件,也可以起定位作用(限定两零件间的相对位置)。开口销常用在螺纹连接的装置中,以防止螺母的松动。

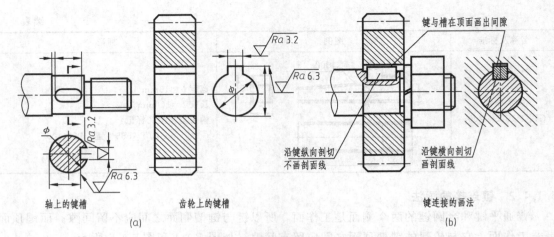

图 5-1-7 键槽的画法、尺寸标注

常用销的尺寸、标记及画法如表 5-1-2 所示。

表 5-1-2 常用销的尺寸、标记及画法

名称及标准	图例和规定标记	连接画法
圆柱销 GB/T 119.1—2000	公称直径 $d=8$mm 公差为 m6 公称长度 $l=30$mm 圆柱销标记为： 　　　销　GB/T 119.1　8m6×30	
圆锥销 GB/T 117—2000	公称直径 $d=8$mm(小端直径) 公称长度 $L=30$mm A 型圆锥销标记为： 　　　销　GB/T 117　6×30	
开口销 GB/T 91—2000	公称直径 $d=5$mm 公称长度 $L=26$mm 开口销标记为： 　　　销　GB/T 91　5×26	

5.1.3　滚动轴承

滚动轴承是用来支承传动轴的组件，具有结构紧凑、摩擦阻力小、动能损耗少和旋转精度高的优点。滚动轴承是标准件，其结构、尺寸均已标准化。滚动轴承的种类很多，但结构相似，一般由外圈、内圈、滚动体和保持架组成，如图 5-1-8 所示。

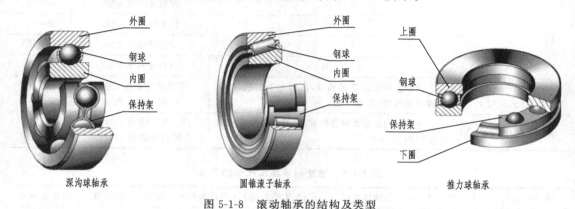

图 5-1-8　滚动轴承的结构及类型

5.1.3.1　滚动轴承的基本代号

滚动轴承基本代号表示轴承的基本类型、结构和尺寸，是滚动轴承代号的基础，由轴承类型代号、尺寸系列代号、内径代号三部分组成。

（1）轴承类型代号

滚动轴承类型代号用数字或字母来表示，见表 5-1-3。

表 5-1-3　滚动轴承类型代号

代号	轴承类型	代号	轴承类型	代号	轴承类型
0	双列角接触球轴承	4	双列深沟球轴承	8	推力圆柱滚子轴承
1	调心球轴承	5	推力球轴承	N	圆柱滚子轴承
2	调心滚子轴承	6	深沟球轴承	U	外球面球轴承
3	圆锥滚子轴承	7	角接触球轴承	QJ	四点接触球轴承

（2）尺寸系列代号

尺寸系列代号包括滚动轴承的宽（高）度系列代号和直径系列代号两部分，用两位阿拉伯数字表示。它的主要作用是区别内径相同、宽度和外径不同的滚动轴承。具体代号需查阅国家标准。

（3）内径代号

内径代号表示滚动轴承的公称直径，一般用两位阿拉伯数字表示。其表示方法见表5-1-4。滚动轴承基本代号的含义见表 5-1-5。

表 5-1-4　滚动轴承内径代号

轴承公称直径/mm	内径代号	示例	
0.6~10(非整数)	用公称直径毫米数直接表示,在其与尺寸系列代号之间用"/"分开。	深沟球轴承 618/2.5	$d=2.5$

轴承公称直径/mm		内径代号	示例	
1~9(整数)		用公称内径毫米数直接表示,对深沟及角接触球轴承7、8、9直径系列,内径与尺寸系列代号之间用"/"分开。	深沟球轴承 625 深沟球轴承 618/5	$d=5$ $d=5$
10~17	10	00	深沟球轴承 6200	$d=10$
	12	01	深沟球轴承 6201	$d=12$
	15	02	深沟球轴承 6202	$d=15$
	17	03	深沟球轴承 6203	$d=17$
20~480 (22、28、32 除外)		公称直径除以5的商数,商数为个位数,需在商数左边加"0",如 08。	圆锥滚子轴承 30308 深沟球轴承 6215	$d=40$ $d=75$
≥500 以及 22、28、32		用公称内径毫米数直接表示,但在与尺寸系列之间用"/"分开。	调心滚子轴承 230/500 深沟球轴承 62/22	$d=500$ $d=22$

表 5-1-5 滚动轴承基本代号的含义

滚动轴承代号	左数第1位代表轴承类型	左数第2或2、3位代表尺寸系列	右数第1、2位代表内径
6208	6:深沟球轴承	第2位:宽度系列代号0(省略) 第3位:直径系列代号为2	$d=8\times5=40$
62/22	6:深沟球轴承	第2位:宽度系列代号0(省略) 第3位:直径系列代号为2	$d=22$
30312	3:圆锥滚子轴承	第2位:宽度系列代号0 第3位:直径系列代号为3	$d=12\times5=60$
51310	5:推力球轴承	第2位:高度系列代号1 第3位:直径系列代号为3	$d=10\times5=50$

5.1.3.2 滚动轴承的画法

滚动轴承为标准件,不需要单独画出各组成部分的零件图,仅在装配图中表达其与相关零件的装配关系。国家标准规定滚动轴承可以用简化画法(通用画法和特征画法)或规定画法来表示。滚动轴承的各种画法及尺寸比例,见表 5-1-6。

(1)简化画法

用简化画法绘制滚动轴承时,应采用通用画法或特征画法,但在同一图样中一般只采用其中一种画法。

① 通用画法:在剖视图中,当不需要确切地表示滚动轴承的外形轮廓、载荷特征、结构特征时,可用矩形线框及位于线框中央正立的十字形符号表示滚动轴承。

② 特征画法:在剖视图中,如需较形象地表示滚动轴承的结构特征时,可采用在矩形线框中用粗实线画出表示滚动轴承结构特征和载荷特性的要素符号。

通用画法和特征画法要绘制在轴的两侧。矩形线框、符号和轮廓线均用粗实线绘制。

(2)规定画法

当需要确切地表述出滚动轴承的结构特征时,可在轴的一侧采用规定画法画出其剖视图,此时,在轴承的滚动体上不画剖面线,而内外圈的剖面线应画成同方向、同间隔;在轴的另一侧采用通用画法表示。

表 5-1-6　滚动轴承的画法

名称和标准号	查表主要数据	画法			装配示意图
		简化画法		规定画法	
		通用画法	特征画法		
深沟球轴承 (GB/T 276—2013)	D d B		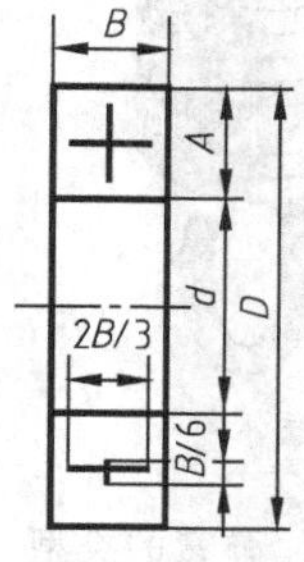	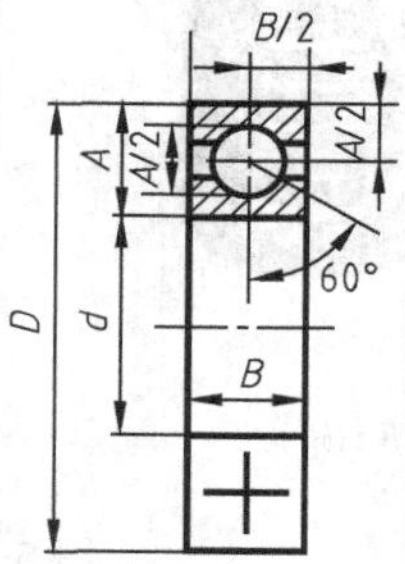	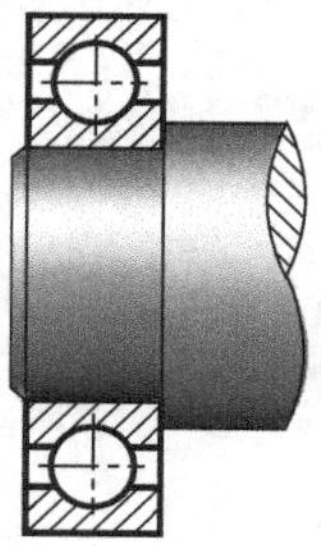
圆锥滚子轴承 (GB/T 297—2015)	D d B T C	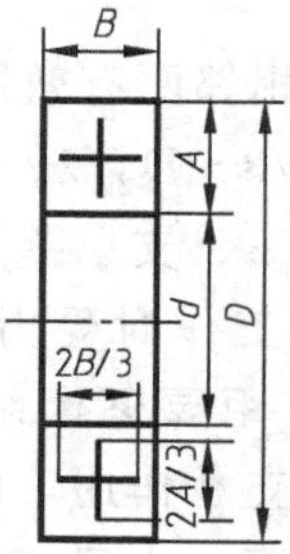	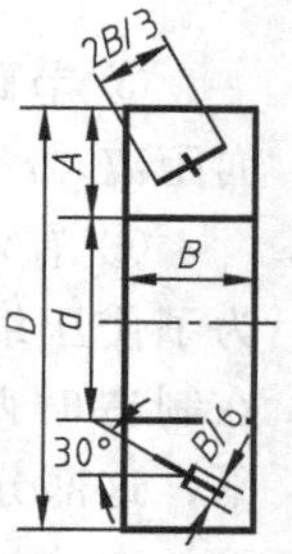	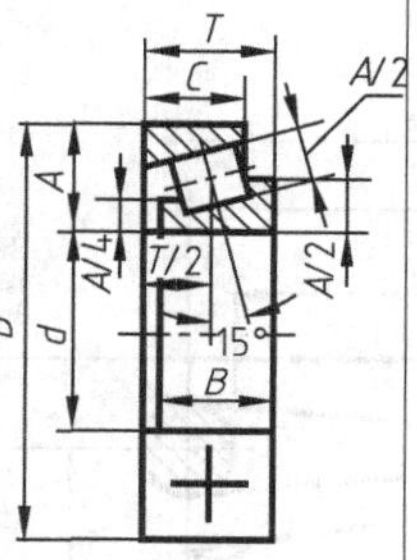	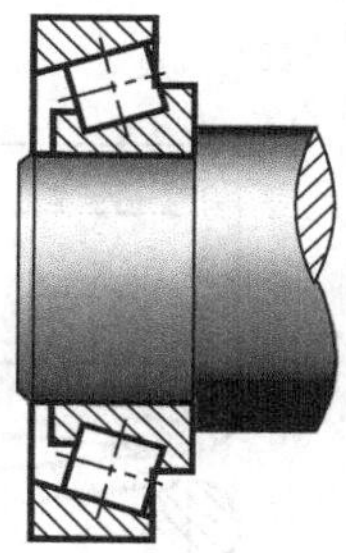
推力球轴承 (GB/T 301—2015)	D d T		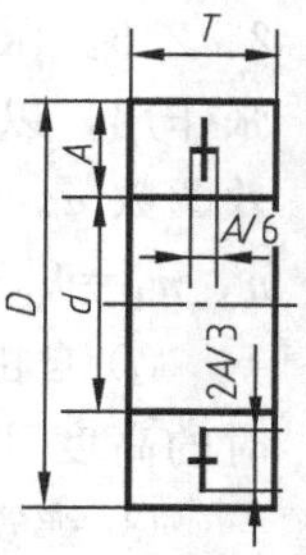	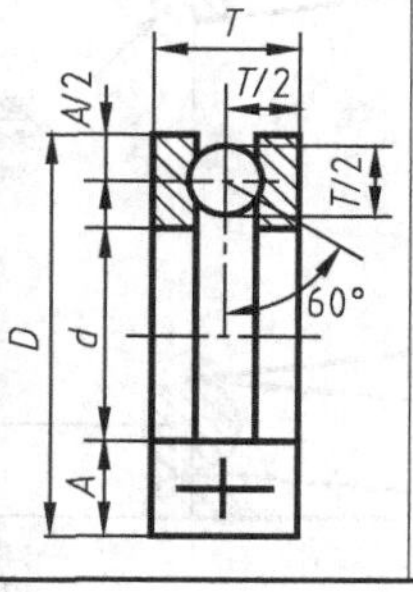	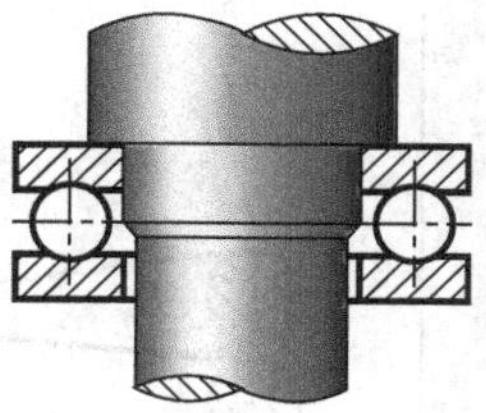

5.1.4　弹簧

弹簧是机器中常用的零件，具有功、能转换特性，可用来减振、夹紧、测力、储存能量等。弹簧的种类很多，应用很广。弹簧是标准件，其结构和尺寸均已标准化，其中常见的是圆柱螺旋弹簧。根据用途可分为压缩弹簧（Y 型）、拉力弹簧（L 型）和扭力弹簧（N 型），如图 5-1-9 所示。

5.1.4.1　圆柱螺旋压缩弹簧各部分的名称及尺寸代号

① 弹簧直径 d：制造弹簧所用金属丝的直径（图 5-1-10）。

② 弹簧外径 D_2：弹簧的最大直径。

③ 弹簧内径 D_1：弹簧的内孔直径，即弹簧的最小直径。$D_1 = D_2 - 2d$

④ 弹簧中径 D：弹簧轴剖面内簧丝中心所在柱面的直径，及弹簧的平均直径，也是规格直径，$D = (D_1 + D_2)/2 = D_1 + d = D_2 - d$。

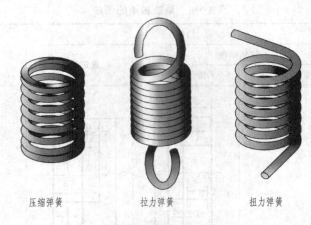

压缩弹簧   拉力弹簧   扭力弹簧

图 5-1-9　弹簧的类型

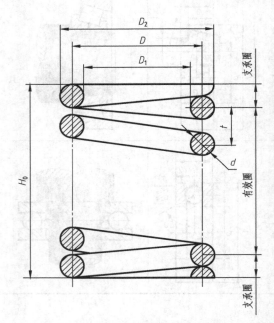

图 5-1-10　圆柱螺旋压缩弹簧的参数

⑤ 节距 t：相邻两有效圈上对应点间的轴向距离，t 为 $D_2/3 \sim D_2/2$。

⑥ 有效圈数 n、支承圈数 n_2 和总圈数 n_1：为了使压缩弹簧工作时受力均匀，不致弯曲，在制造时两端节距要逐渐缩小，并将端面磨平，这部分只起支承作用，叫支承圈，两端磨平长度一般 3/4 圈。支承圈数 n_2 通常取 1.5、2、2.5。压缩弹簧除支承圈外，其余部分起弹张作用，以保证相等的节距，这些圈数称为有效圈数 n。支承圈数和有效圈数之和称总圈数 n，$n_1 = n_2 + n$。

⑦ 自由高度（长度）H_0：弹簧不受外力时的高度（长度），$H_0 = nt + 2d$。

⑧ 弹簧的展开长度 L：制造弹簧时弹簧钢丝的长度，$L \approx \pi D n_1$。

5.1.4.2　圆柱螺旋压缩弹簧的规定画法

① 圆柱螺旋压缩弹簧在平行于轴线的投影面上的投影，可画成视图，也可画成剖视图，其各圈的外形轮廓应画成直线。

② 螺旋弹簧均可画成右旋，但对左旋的螺旋弹簧，不论画成左旋或右旋，一律要注出旋向"左"字。

③ 有效圈数在四圈以上的螺旋压缩弹簧，允许每端只画两圈（不包括支承圈），中间各圈可省略不画，只画通过簧丝断面中心的两条细点画线。当中间部分省略后，也可以适当地缩短图形的长（高）度，如图 5-1-11 所示。

④ 不论支承圈是多少，均可按支承圈为 2.5 圈绘制。

⑤ 在装配图中，弹簧中间各圈采取省略画法后，弹簧后面被挡住的零件轮廓不必画出，如图 5-1-12 所示。

⑥ 当簧丝直径在图上小于或等于 2 时，可采用示意画法。如果是断面，可以涂黑表示。

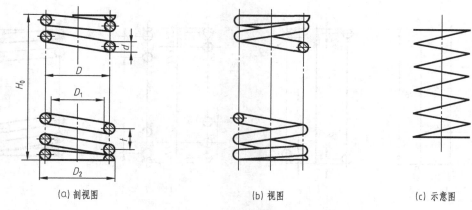

| (a) 剖视图 | (b) 视图 | (c) 示意图 |

图 5-1-11　圆柱螺旋弹簧的规定画法

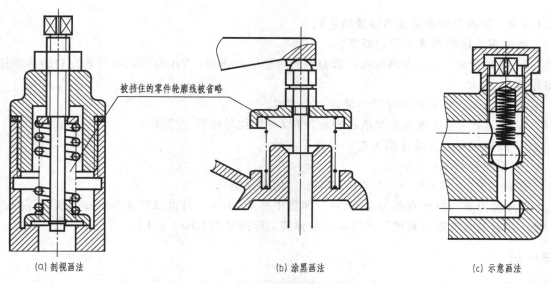

被挡住的零件轮廓线被省略

| (a) 剖视画法 | (b) 涂黑画法 | (c) 示意画法 |

图 5-1-12　弹簧在装配图中的画法

5.1.4.3　圆柱螺旋压缩弹簧的绘图步骤

圆柱螺旋压缩弹簧如要求两端并紧且磨平时，无论支承圈数多少、末端贴紧情况如何，其视图、剖视图或示意图均按图 5-1-11 绘制。

已知螺旋压缩弹簧的簧丝直径 $d=6\text{mm}$，弹簧外径 $D_2=42\text{mm}$，节距 $t=12\text{mm}$，有效圈数 $n=6$，支承圈数 $n_2=2.5$，右旋，画出螺旋压缩弹簧的剖视图。作图步骤如下：

① 计算：

弹簧中径　　　　　　　　　$D=D_2-d=42-6=36\text{(mm)}$

自由高度　　　　　　　　　$H_0=nt+2d=6\times12+2\times6=84\text{(mm)}$

画出长方形 $ABCD$，如图 5-1-13(a) 所示。

② 根据簧丝直径 d，画出支承圈部分簧丝的剖面，如图 5-1-13(b) 所示。

③ 画出有效圈部分簧丝的剖面。先在 BD 线上根据节距 t 画出圆 2 和圆 3；然后从 1、2 和 3、4 的中点作垂线与 AB 相交，画出圆 5 和圆 6，如图 5-1-13(c) 所示。

④ 按右旋方向作相应圆的公切线及剖面线，完成作图，如图 5-1-13(d) 所示。

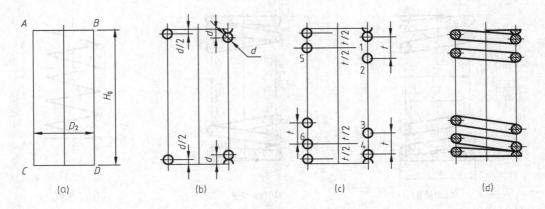

图 5-1-13　圆柱螺旋压缩弹簧作图步骤

5.1.4.4　普通圆柱螺旋压缩弹簧的标记

圆柱螺旋压缩弹簧的标记要素为：

① 类型代号：YA 为两端圈并紧磨平的冷卷压缩弹簧；YB 为两端圈并紧制扁的热卷压缩弹簧。

② 规格：材料直径×弹簧中径×自由高度。

③ 精度代号：2 级精度制造不表示，3 级精度代号注明"3"级。

④ 旋向代号：左旋注明为左，右旋不表示。

⑤ 标准号：GB/T 2089。

例如"YA 1.8×8×40 左 GB/T 2089"的含义是：

YA 型弹簧，材料直径为 1.8mm，弹簧中径为 8mm，自由高度为 40mm，精度等级为 2 级，左旋的两端圈并紧磨平的冷卷压缩弹簧，标准号为 GB/T 2089。

记一记

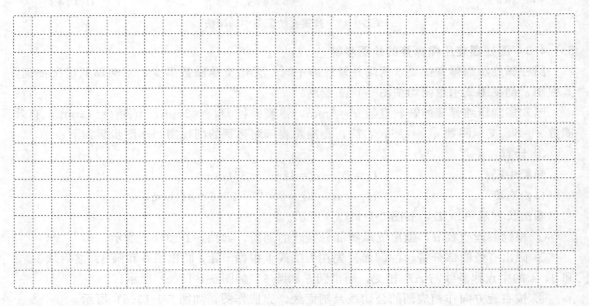

任务 5.2 绘制螺纹连接图

引导问题

• 生产中常用连接件有哪些？

• 内外螺纹绘制时有什么区别？

• 在绘制螺柱连接结构时,要注意哪些问题？

• M24、G1/2、Tr40×14(P7)LH 各表示螺纹的什么含义？

【任务导入】

螺纹是机械零件中的常用件,在国家标准中规定了螺纹的标准画法,要表达标准件的图样,必须依据国家标准绘制,掌握螺纹的有关参数、标注、含义等。图 5-2-1 所示为螺栓连接和螺纹连接的立体图,请按规定画法绘制其连接图。

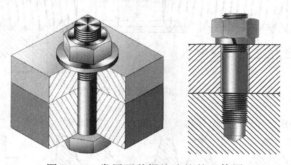

图 5-2-1   常用两种螺纹连接的立体图

【知识链接】

5.2.1   螺纹

螺纹是在圆柱或圆锥表面上沿螺旋线所形成的,具有相同剖面的连续凸起和沟槽。加工在零件外表面上的螺纹称为外螺纹,加工在零件内表面的螺纹称为内螺纹。

圆柱面上一点绕圆柱的轴线作等速旋转运动的同时,又沿一条直线作等速直线运动,这种复合运动的轨迹就是螺旋线。各种螺纹都是根据螺旋线原理加工而成,螺纹加工大部分采用机械化批量生产。图 5-2-2 所示为在车床上加工内、外螺纹的示意图。

5.2.1.1   螺纹的要素

单个外螺纹或内螺纹零件无使用意义,只有内外螺纹相互旋合才能起作用。内外螺纹旋合的条件是必须具有相同的结构要素。螺纹的结构和尺寸是由牙型、螺纹直径、线数、螺距和导程、旋向等要素构成,如图 5-2-3 所示。

（1）螺纹牙型

通过螺纹轴线的剖面区域上,螺纹的轮廓形状称为螺纹牙型。螺纹凸起部分顶端称为牙顶,螺纹沟槽的底部称为牙底。如图 5-2-4 所示,常见牙型有三角形、梯形、锯齿形、矩形等。

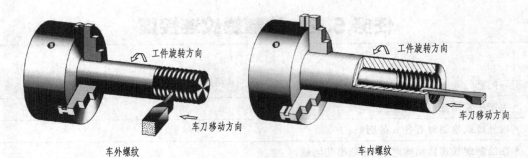

图 5-2-2　车床上车螺纹

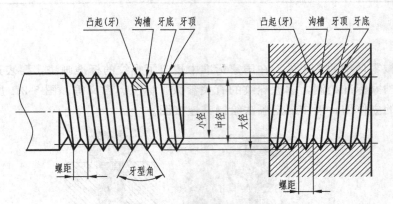

图 5-2-3　内外螺纹的结构要素

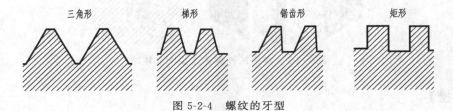

图 5-2-4　螺纹的牙型

（2）螺纹直径

螺纹直径包括螺纹的大径、中径和小径。外螺纹的大径、小径和中径分别用 d、d_1 和 d_2 来表示；内螺纹的大径、小径和中径分别用 D、D_1 和 D_2 来表示，如图 5-2-5 所示。

① 大径：是指与外螺纹牙顶或内螺纹牙底相切的假想圆柱或圆锥的直径。

② 小径：是指与外螺纹牙底或内螺纹牙顶相切的假想圆柱或圆锥的直径。

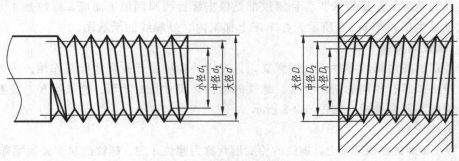

图 5-2-5　螺纹的直径

③ 中径：是指一个假想圆柱或圆锥的直径，该圆柱或圆锥的母线通过牙型上沟槽和凸起宽度相等的地方。

④ 公称直径：普通螺纹大径的基本尺寸称为公称直径，是代表螺纹尺寸的直径。

（3）线数

螺纹有单线和多线之分，沿一条螺旋线所形成的螺纹，称为单线螺纹；沿两条或两条以上在轴向等距分布的螺旋线所形成的螺纹，称为多线螺纹，如图 5-2-6 所示。螺纹的线数用 n 表示。

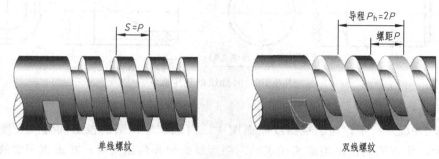

图 5-2-6　螺距与导程

（4）螺距和导程

螺纹相邻两牙在中径线上对应两点间的轴向距离，称为螺距，用 P 表示；同一条螺旋线上的相邻两牙在中径线上对应两点间的轴向距离，称为导程，用 P_h 表示。螺距和导程是两个不同的概念，如图 5-2-6 所示。对于单线螺纹，导程与螺距相等，即 $P_h = p$，多线螺纹 $P_h = n \times p$。

（5）旋向

螺纹的旋向有左旋和右旋之分，顺时针旋转时旋入的螺纹是右旋螺纹；逆时针旋转时旋入的螺纹是左旋螺纹。工程上以使用右旋螺纹居多。

螺纹旋向的判定：将外螺纹线垂直放置，螺纹的可见部分右高、左低，为右旋螺纹；左高、右低为左旋螺纹，如图 5-2-7 所示。

对于螺纹来说，只有牙型、大径、螺距、线数和旋向等诸要素都相同，内、外螺纹才能旋合在一起。在螺纹的诸要素中，牙型、大径和螺距是决定螺纹结构规格的最基本要素，称为螺纹三要素。凡螺纹三要素符合国家标准的，称为标准螺纹；牙型不符合国家标准的，称为非标准螺纹。

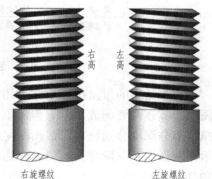

图 5-2-7　螺纹旋向的判定

5.2.1.2　螺纹的规定画法

由于螺纹的结构和尺寸已经标准化，为了提高绘图效率，对螺纹的结构与形状，可不必按其真实投影画出，只需根据国家标准规定的画法和标记，进行绘图和标注即可。

（1）外螺纹的画法

如图 5-2-8 所示，外螺纹牙顶圆的投影用粗实线表示，牙底圆的投影用细实线表示（牙底圆的投影通常按牙顶圆投影的 0.85 倍绘制），在螺杆的倒角或倒圆部分也应画出。在垂直于螺纹轴线的投影面的视图中，表示牙底圆的细实线只画约 3/4 圈（空出约 1/4 圈的位置不作规定）。此时，螺杆或螺纹孔上倒角圆的投影，省略不画。螺纹长度终止线用粗实线表示。剖面线必须画到粗实线处。

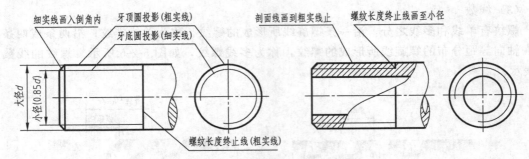

图 5-2-8　外螺纹的规定画法

（2）内螺纹的画法

如图 5-2-9（a）所示，在剖视图或断面图中，内螺纹牙顶圆的投影和螺纹长度终止线用粗实线表示，牙底圆的投影用细实线表示，剖面线必须画到粗实线；在垂直于螺纹轴线的投影面的视图中，表示牙底圆的细实线仍画 3/4 圈，倒角圆的投影省略不画。不可见螺纹的所有图线（轴线除外），均用细虚线绘制，如图 5-2-9（b）。

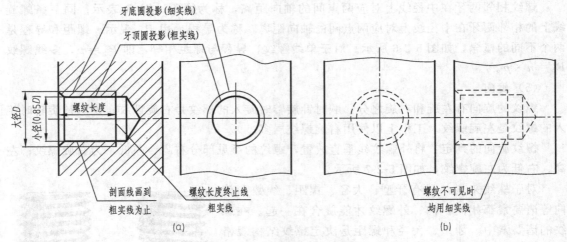

图 5-2-9　内螺纹的规定画法

由于钻头的顶角接近 120°，用它钻出的不通孔，底部有个顶角接近 120° 的圆锥面，在图中，其顶角要画成 120°，但不必注尺寸。绘制不穿通的螺纹孔时，一般应将钻孔深度与螺纹部分深度分别画出，钻孔深度应比螺纹孔深度大 0.5D（螺纹大径），如图 5-2-10（a）所示。两级钻孔（阶梯孔）的过渡处，也存在 120° 的部分尖角，作图时要注意画出，如图 5-2-10（b）所示。

（3）内、外螺纹连接的画法

内外螺纹连接时，常采用全剖视图画出，其旋合部分按外螺纹绘制，其余部分按各自的规定画法绘制。当沿外螺纹的轴线剖开时，螺杆作为实心零件按不剖绘制。表示螺纹小径的细实线应分别对齐。当垂直螺纹轴线剖开时，螺杆处应画剖面线，如图 5-2-11 所示。

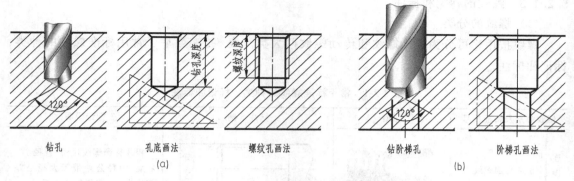

钻孔　　　　孔底画法　　　　螺纹孔画法　　　　　钻阶梯孔　　　　阶梯孔画法

(a)　　　　　　　　　　　　　　　　　　　　　　　　(b)

图 5-2-10　钻孔底部与螺纹阶梯孔的画法

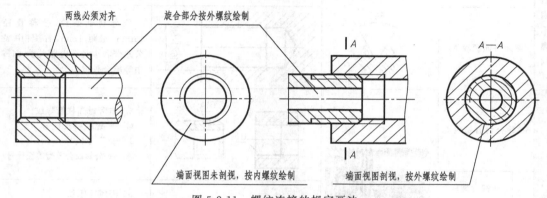

两线必须对齐　　　旋合部分按外螺纹绘制

端面视图未剖视，按内螺纹绘制　　　端面视图剖视，按外螺纹绘制

图 5-2-11　螺纹连接的规定画法

（4）螺纹牙型的画法

螺纹的牙型一般不在图形中画出，当需要表示或表示非标准螺纹时，可按照如图 5-2-12 所示的形式绘制，即可在剖视图中绘制几个牙型，也可以用局部放大图表示。

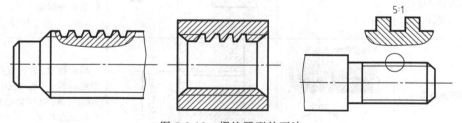

图 5-2-12　螺纹牙型的画法

（5）螺孔相贯的画法

螺纹孔相交时，只画钻孔的相贯线，用粗实线表示，如图 5-2-13 所示。

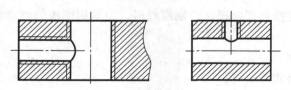

图 5-2-13　螺孔相贯的画法

5.2.1.3 螺纹的种类和标注

(1) 螺纹的分类

螺纹按用途可分为连接螺纹和传动螺纹两大类。表 5-2-1 列举了常用标准螺纹的种类、标记和标注。

表 5-2-1　常用标准螺纹的种类、标记和标注

螺纹类别及特征代号		牙型	标注示例	标记说明
连接和紧固用螺纹	粗牙普通螺纹 M		M16-6g	粗牙普通螺纹,公称直径 16,右旋;中径公差带和大径公差带均为 6g;中等旋合长度
	细牙普通螺纹 M	60°	M16×1-6H	细牙普通螺纹,公称直径 16mm,螺距 1mm,右旋;中径公差带和小径公差带均为 6H;中等旋合长度
55°管螺纹	55°非密封管螺纹 G		G1A G1	55°非密封圆柱管螺纹 G——螺纹特征代号 1——尺寸代号 A——外螺纹公差带等级代号
	55°密封管螺纹 圆锥内螺纹 R_c 圆柱内螺纹 R_p 圆锥外螺纹 $R_1 R_2$	55°	Rc1½ R₁1½	55°密封管螺纹 R_c——圆锥内螺纹 R_p——圆柱内螺纹 R_1——与圆柱内螺纹相配合的圆锥外螺纹 R_2——与圆锥内螺纹相配合的圆锥外螺纹 1½——尺寸代号
传动螺纹	梯形螺纹 Tr	30°	Tr36×12(P6)-7H	梯形螺纹,公称直径 36mm,双线螺纹,导程 12mm,螺距 6mm,右旋;中径公差带为 7H;中等旋合长度

(2) 螺纹的标注

国家标准规定,在按照规定画法绘制螺纹后,为识别螺纹的种类和要素,必须按规定格式对螺纹进行标注。

①普通螺纹的标注

完整标注内容及格式为

[特征代号][公称直径]×[P$_h$ 导程(P 螺距)]-[公差带代号]-[旋合长度代号]-[旋向代号]

特征代号:螺纹特征代号为 M。

尺寸代号：公称直径为螺纹大径，单线螺纹的尺寸代号为"公称直径×螺距"，不必注写"P_h""P"。粗牙普通螺纹不标注螺距。

公差带代号：公差带代号由中径公差带和顶径公差带（对外螺纹指大径公差带，对内螺纹指小径公差带）两组公差带组成。大写字母代表内螺纹，小写字母代表外螺纹。若两组公差带相同，则只写一组。常用的公差带见附表 2。常用的中等公差精度螺纹（6g 和 6H）不标注公差带代号。

旋合长度代号：旋合长度分为短 S，中等 N，长 L 三种。一般采用中等旋合长度，N 省略不注。

旋向代号：左旋螺纹以"LH"表示，右旋螺纹不标注旋向（所有螺纹旋向的标记均与此相同）。

例如"M16×Ph3 P1.5-7g6g-L-LH"，表示双线细牙普通外螺纹，大径为 16mm，导程 P_h＝3mm，螺距 P＝1.5mm，中径公差带代号均为 7g，大径公差带代号为 6g，长旋合长度，左旋。

例如"M24-7G"，表示粗牙普通内螺纹，大径为 24 mm，查附表 2 确认螺距 P＝3mm，中径和小径公差带代号为 7G，中等旋合长度（省略），右旋（省略）。

普通螺纹副标记形式：M20-5H/5g6g-S，

普通螺纹标注如图 5-2-14 所示。

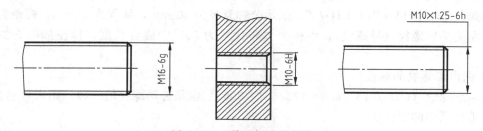

图 5-2-14　普通螺纹的标注

② 管螺纹的标注

管螺纹是在管子上加工的，主要用于连接管件，故称之为管螺纹。管螺纹仅次于普通螺纹，是使用数量最多的螺纹之一。由于管螺纹具有结构简单装拆方便的优点，所以在机床、汽车、冶金、石油、化工等行业中应用较多。

管螺纹的标注格式为

[特征代号][尺寸代号][公差等级代号]-[旋向代号]

尺寸代号：管螺纹的公称直径不表示螺纹大径，而是指加工有管螺纹的管孔直径，因而用指引线指在管螺纹大径上来标注，单位为英寸，用½、¾、1、1½、…表示。详见附表 3。

公差等级代号：螺纹密封的管螺纹不需要标注公差等级。非螺纹密封的内管螺纹公差等级只有一种不需要标注；而外管螺纹公差等级有 A、B 两种，需要标注。

旋向代号：左旋螺纹标旋向代号"LH"，右旋不标注。

例如"G½ LH"，表示圆柱内螺纹（未注螺纹公差等级），尺寸代号为½（查表附 3，其大径为 20.955，螺距为 1.814），左旋。

例如"R$_c$½"，表示圆锥内螺纹，尺寸代号为½（查表附 3，其大径为 20.955，螺距为

1.814），右旋（省略）。

管螺纹标注如图 5-2-15 所示。

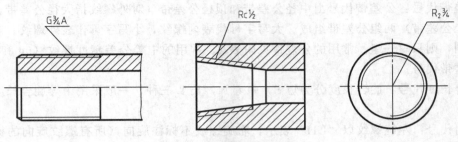

图 5-2-15　管螺纹的标注

③ 梯形螺纹的标注

梯形螺纹（GB/T 5796.4—2005）是传动螺纹的一种，梯形螺纹用来传动双向动力，如机床的丝杠。梯形螺纹的标注格式为

［特征代号］［公称直径］×［P_h 导程（P 螺距）］［旋向］-［中径公差带代号］-［旋合长度代号］

梯形螺纹的代号为"Tr"。右旋可不标旋向代号，左旋时标"LH"。单线螺纹标注螺距，多线螺纹标注导程和螺距。梯形螺纹没有粗牙、细牙的概念，不要和普通螺纹混淆。梯形螺纹公差带代号只有中径公差带代号。旋合长度只分中 N、长 L 两组，N 可省略不注。

例如"Tr40×14（P7）LH-7e"，表示公称直径为 40 mm，导程为 14mm，螺距为 7mm 的双线左旋梯形螺纹（外螺纹），中径公差带代号为 7e，中旋合长度，标注如图 5-2-16（a）所示。

④ 锯齿形螺纹的标注

锯齿形螺纹（GB/T 13576.1～13576.4—2008）也是传动螺纹的一种，用来传动单向动力，如千斤顶中的螺杆。

其标记内容及格式与梯形螺纹相同，锯齿形螺纹特征代号是"B"，标注如图 5-2-16（b）所示。

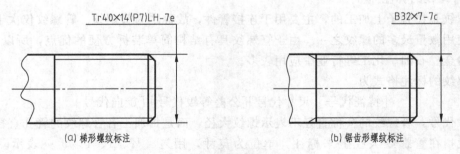

(a) 梯形螺纹标注　　　　　　　　(b) 锯齿形螺纹标注

图 5-2-16　传动螺纹的标注

5.2.2　螺纹紧固件

5.2.2.1　螺纹紧固件的种类及标记

在机器中，零件之间的连接方式可分为可拆卸连接和不可拆卸连接两大类。可拆卸连接中，螺纹紧固件连接是工程应用最广泛的连接方式，常用的螺纹紧固件包括螺栓、螺柱、螺钉、螺母、垫圈等。它们的结构、尺寸已经标准化，使用或绘图时，从相关标准中查找

即可。

常用螺纹紧固件的标记及示例，如表 5-2-2 所示。

表 5-2-2　常用螺纹紧固件的标记及示例

名称	轴测图	画法及规格尺寸	标记示例及说明
六角头螺栓			螺栓　GB/T 5780　M16×100 螺纹规格 d＝M16，公称长度 l＝100，性能等级为 8.8 级，表面氧化，杆身半螺纹，产品等级为 A 级的六角头螺栓
双头螺栓			螺柱　GB/T 899　M12×50 螺柱两端均为粗牙普通螺纹，螺纹规格 d＝M12、l＝50，性能等级为 4.8 级，不经表面处理，B 型（B 省略不标），b_m＝1.5d 的双头螺柱
螺钉			螺钉　GB/T 68　M8×40 螺纹规格 d＝M8，公称长度 l＝40，性能等级为 4.8 级，不经表面处理的开槽沉头螺钉
六角螺母			螺母　GB/T 41　M16 螺纹规格 D＝M16，性能等级为 5 级，不经表面处理，产品等级为 C 级的六角螺母
垫圈			垫圈　GB/T 97.1　16 标准系列，规格 16，性能等级为 140HV 级，不经表面处理，产品等级为 A 级的平垫圈

5.2.2.2　常用螺纹紧固件及连接的画法

画螺纹紧固件视图，可以先从国家标准中查出螺纹各个部分的尺寸，然后按规定画图。但为了简化作图，螺纹紧固件一般用比例画法绘制。所谓比例画法就是以螺纹的公称直径（d、D）为主要参数，其余各部分结构尺寸均按与公称直径成一定比例关系绘制。

常用螺纹紧固件的比例画法如图 5-2-17 所示。

螺纹紧固件连接的基本形式有螺栓连接、双头螺柱连接、螺钉连接，如图 5-2-18 所示。

（1）螺纹紧固件连接的比例画法

螺栓连接　用比例画法画螺栓连接的装配图时，应注意以下几点：

① 两被连接零件的接触表面只画一条线，并画到螺栓的大径处。不接触的表面，不论间隙大小，都应画出间隙（如螺栓和孔之间应画出间隙）。

② 剖切平面通过螺栓轴线时，螺栓、螺母、垫圈可按不剖绘制，仍画外形。必要时，可采用局部剖视。

③ 两零件相邻接时，不同零件的剖面线方向应相反，或者方向一致而间隔不等。

④ 螺栓长度 $L \geqslant t_1 + t_2 +$ 垫圈厚度＋螺母厚度＋$(0.2 \sim 0.3)d$，根据该公式的估计值，

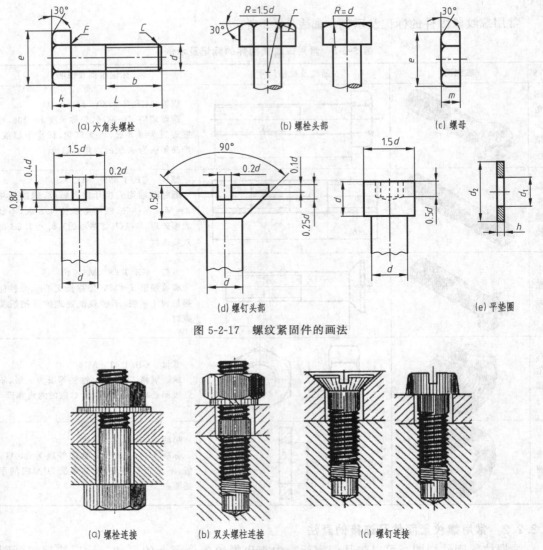

图 5-2-17　螺纹紧固件的画法

(a) 六角头螺栓　(b) 螺栓头部　(c) 螺母　(d) 螺钉头部　(e) 平垫圈

(a) 螺栓连接　　(b) 双头螺柱连接　　(c) 螺钉连接

图 5-2-18　螺纹紧固件连接的基本形式

然后选取与估算值相近的标准长度值作为 L 值。

⑤ 被连接件上加工的螺栓孔直径稍大于螺栓直径，取 $1.1d$。

螺栓连接的比例画法见图 5-2-19。

双头螺柱连接　当两个被连接件中有一个很厚，或者不适合用螺栓连接时，常用双头螺柱连接。用比例画法绘制双头螺柱的装配图时应注意以下几点：

① 旋入端的螺纹终止线应与结合面平齐，表示旋入端已经拧紧。

② 旋入端的长度 b_m 要根据被旋入件的材料而定（钢或铜 $b_m = d$，铸铁 $b_m = 1.25d$ 或 $1.5d$，铝合金等轻金属 $b_m = 2d$）。

③ 旋入端的螺孔深度取 $b_m + 0.5d$，钻孔深度取 $b_m + d$。

④ 螺柱的公称长度 $L \geqslant \delta +$ 垫圈厚度 $+$ 螺母厚度 $+ (0.2 \sim 0.3)d$，然后选取与估算值相近的标准长度值作为 L 值。

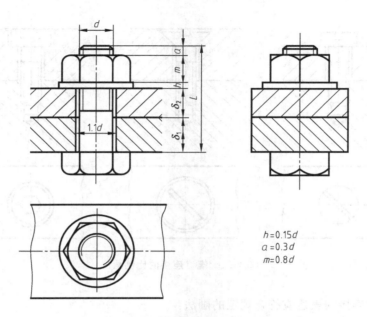

图 5-2-19　螺栓连接的比例画法

双头螺柱连接的比例画法见图 5-2-20。

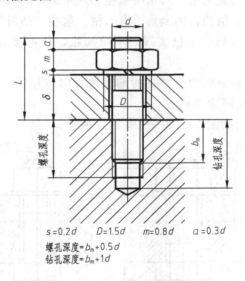

$s = 0.2d$　　$D = 1.5d$　　$m = 0.8d$　　$a = 0.3d$

螺孔深度 = $b_m + 0.5d$

钻孔深度 = $b_m + 1d$

图 5-2-20　双头螺柱连接的比例画法

螺钉连接　一般用于受力不大又不需要经常拆卸的场合。用比例画法绘制螺钉连接，其旋入端与螺柱相同，被连接板的孔部画法与螺栓相同，被连接板的孔径取 $1.1d$。螺钉的有效长度 $L = \delta + b_m$，并根据标准校正。画图时注意以下两点：

① 螺钉的螺纹终止线不能与结合面平齐，而应画在盖板的范围内。

② 具有沟槽的螺钉头部，在主视图中应被放正，在俯视图中规定画成 45°倾斜。

螺钉连接的比例画法见图 5-2-21。

（2）螺纹紧固件连接的简化画法

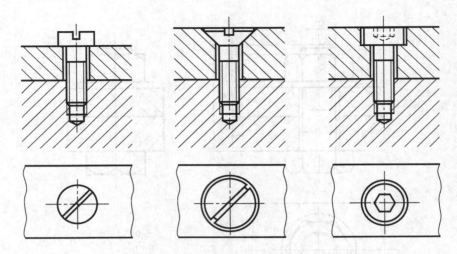

图 5-2-21　螺钉连接的比例画法

螺纹紧固件连接的表达应符合规定的画法：

① 当剖切平面通过螺栓、螺柱、螺钉、螺母及垫圈等标准件的轴线时，应按未剖切绘制，即只画外形。

② 螺纹紧固件应采用简化画法，六角头螺栓和六角螺母的头部曲线可省略不画。

③ 螺纹紧固件上的工艺结构，如倒角、退刀槽、缩颈、凸肩等均省略不画。

④ 两个零件接触面处只画一条粗实线，不得加粗，凡不接触的表面，不论间隙多小，均应在图上画出间隙。

⑤ 在剖视图中，相互接触的两个零件的剖面线方向应相反。而同一个零件的各剖视图中，剖面线的倾斜方向和间隔应相同。

螺纹紧固件的简化画法如图 5-2-22～图 5-2-24 所示。

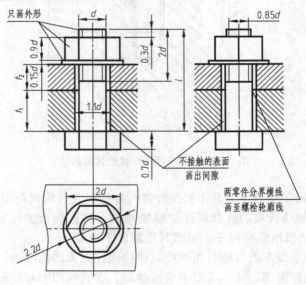

图 5-2-22　螺栓连接简化画法

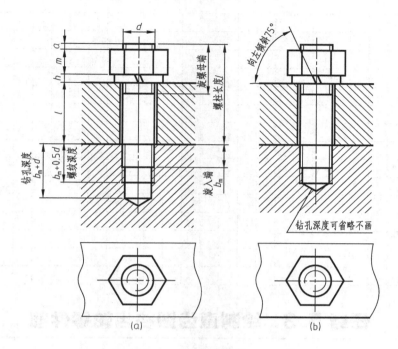

图 5-2-23　螺柱连接简化画法

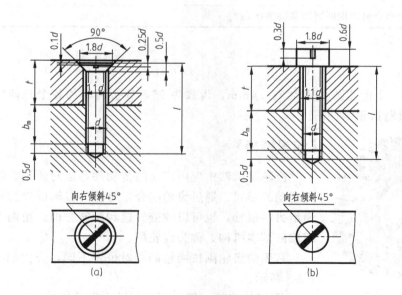

图 5-2-24　螺钉连接简化画法

记一记

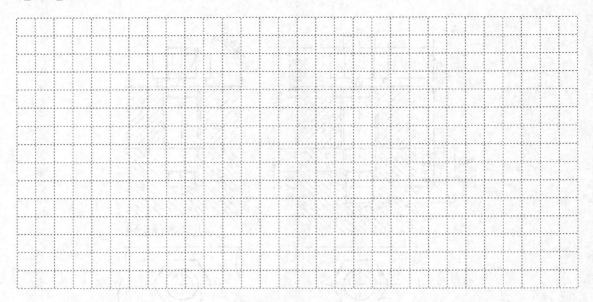

任务 5.3 绘制直齿圆柱齿轮零件图

引导问题

• 单个齿轮的齿顶圆、齿根圆、分度圆用什么线表示？

• 绘制齿轮啮合装配图时要注意哪些问题？

【任务导入】

已知图 5-3-1 齿顶圆直径为 244.4mm，齿数为 96，分析齿轮的各个几何要素，通过计算出的尺寸绘制齿轮零件图。

图 5-3-1　齿轮

【知识链接】

齿轮是机器中应用广泛的传动件，成对使用，传递运动或改变运动的形式。通过齿轮啮合，可将一根轴的动力及旋转运动传递给另一根轴，也可以改变转速和旋转方向。由两个啮合的齿轮组成的基本机构，称为齿轮副。

常用的齿轮副按两轴的相对位置不同，分为如下三种，如图 5-3-2 所示。

① 圆柱齿轮：用于两平行轴之间的传动。

② 锥齿轮：用于两相交轴之间的传动。

③ 蜗杆、蜗轮：用于两交叉轴之间的传动。

分度曲面为圆柱面的齿轮称为圆柱齿轮。圆柱齿轮的轮齿有直齿、斜齿和人字齿三种，

(a) 圆柱齿轮啮合　　　　(b) 锥齿轮啮合　　　　(c) 蜗杆与蜗轮啮合

图 5-3-2　齿轮传动

(a) 直齿轮　　　　　　(b) 斜齿轮　　　　　　(c) 人字齿轮

图 5-3-3　轮齿分类

如图 5-3-3 所示。其中直齿圆柱齿轮应用较广，简称直齿轮。

5.3.1　圆柱齿轮的基本参数与尺寸关系

直齿圆柱齿轮的齿向与齿轮轴线平行，图 5-3-4 所示为相互啮合的两直齿圆柱齿轮各部分名称和代号。

① 齿顶圆直径：过轮齿齿顶的圆柱面与端平面的交线称为齿顶圆，其直径用 d_a 表示。

② 齿根圆直径：过轮齿齿根的圆柱面与端平面的交线称为齿根圆，其直径用 d_f 表示。

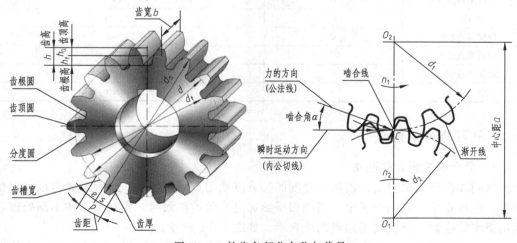

图 5-3-4　轮齿各部分名称与代号

③ 分度圆直径：对于渐开线齿轮，过齿厚弧长 s 与齿槽弧长 e 相等处的圆柱面，称为分度圆柱面。分度圆柱面与端平面的交线称为分度圆，其直径用 d 表示。

④ 齿高：齿顶圆与齿根圆之间的径向距离，用 h 表示。齿顶高 h_a 是齿顶圆与分度圆之间的径向距离；齿根高 h_f 是齿根圆与分度圆之间的径向距离，且 $h = h_a + h_f$。

⑤ 齿距：分度圆上相邻两齿对应点之间的弧长，用 p 表示。一个轮齿在分度圆上的弧长是齿厚，用 s 表示；一个齿槽在分度圆上的弧长是槽宽，用 e 表示。标准齿轮 $s = e$，$p = s + e$。

⑥ 压力角：在端平面内，过端面齿廓与分度圆交点的径向直线与齿廓在该点的切线所夹的锐角，用 α 表示。国家标准规定采用的分度圆压力角为 20°。

⑦ 齿数：一个齿轮上的轮齿个数称为齿数，用 z 表示。

⑧ 模数 m：若齿轮的齿数用 z 表示，则分度圆的周长为 $\pi d = pz$，即 $d = pz/\pi$，式中 π 为无理数。为了计算和测量方便，令 $m = p/\pi$，称 m 为模数，其单位为 mm。

模数是设计和制造齿轮的一个重要参数。模数越大，齿轮就越大，在相同条件下的承载能力就越高。两对相互啮合的齿轮其模数必须相等。国家标准中规定了齿轮模数的标准数值，如表 5-3-1 所示。

表 5-3-1　标准模数系列（摘自 GB/T 1357—2008）

第一系列	1,1.25,1.5,2,2.5,3,4,5,6,8,10,12,16,20,25,32,40,50
第二系列	1.125,1.375,1.75,2.25,2.75,3.5,4.5,5.5,(6.5),7,9,11,14,18,22,28,36,45

⑨ 中心距：两啮合齿轮轴线间的距离称为中心距，用 a 表示。装配准确的标准齿轮的中心距为 $a = (d_1 + d_2)/2 = m(z_1 + z_2)/2$

在设计齿轮时，首先要确定齿数和模数，其他各部位尺寸都可由齿数和模数计算出来，见表 5-3-2。

表 5-3-2　标准直齿圆柱齿轮各部分的计算公式

基本参数：模数 m，齿数 z		
名称	符号	计算公式
模数	m	$m = d/z = p/\pi$
齿顶高	h_a	$h_a = m$
齿根高	h_f	$h_f = 1.25m$
齿高	h	$h = 2.25m$
分度圆直径	d	$d = mz$
齿顶圆直径	d_a	$d_a = m(z+2)$
齿根圆直径	d_f	$d_f = m(z-2.5)$
中心距	a	$a = m(z_1 + z_2)/2$

5.3.2　圆柱齿轮的画法

5.3.2.1　单个圆柱齿轮的画法

齿顶圆和齿顶线用粗实线绘制，分度圆和分度线用点画线绘制；齿根圆和齿根线用粗实线绘制，也可省略；在剖视图中，当剖切平面通过齿轮的轴线时，轮齿一律按不剖处理，齿根线用粗实线绘制，分度线用细点画线表示，如图 5-3-5 所示。

当需要表示斜齿和人字齿时，规定画法基本与直齿轮的画法相同，可用三条与齿线方向

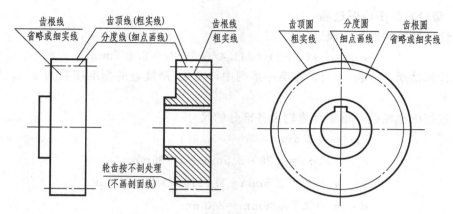

图 5-3-5 单个圆柱齿轮的规定画法

一致的细实线表示斜齿和人字齿，如图 5-3-6 所示。

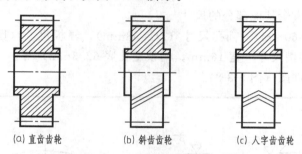

(a) 直齿齿轮　　　　(b) 斜齿齿轮　　　　(c) 人字齿齿轮

图 5-3-6 单个不同类型的圆柱齿轮的规定画法

5.3.2.2 两个直齿轮啮合的画法

在圆柱齿轮啮合的剖视图中，当剖切面通过两啮合齿轮的轴线时，在啮合区内，两个齿轮的齿根线均用粗实线绘制；一个齿轮的齿顶线用粗实线绘制，另一个齿轮的齿顶线用虚线绘制；节圆线（分度圆线）用点画线绘制。

在垂直于圆柱齿轮轴线的投影面的视图中，啮合区内的齿顶圆均用粗实线绘制；在平行于齿轮轴线的投影面的外形视图中，啮合区只用粗实线画出节线，齿顶线和齿根线均不画；在两齿轮其他处的节线仍用细点画线绘制，如图 5-3-7 所示。

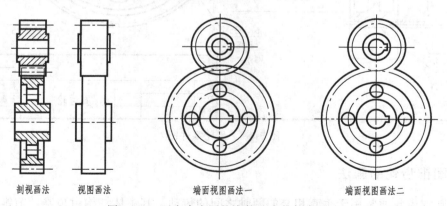

剖视画法　　　　视图画法　　　　端面视图画法一　　　　端面视图画法二

图 5-3-7 两个直齿圆柱齿轮啮合的规定画法

5.3.2.3 齿轮零件图绘图过程

（1）计算模数并取标准模数 m

$$m_{计} = d_a/(z+2) = 244.4/(96+2) = 2.49(\text{mm})$$

根据计算结果，查表 5-3-1，在第一系列中与 2.49 最接近的标准模数为 2.5，故取标准模数 $m = 2.5$。

（2）根据标准模数，重新计算轮齿各部分的尺寸

$$h_a = m = 2.5\text{mm}$$

$$h_f = 1.25m = 1.25 \times 2.5\text{mm} = 3.125\text{mm}$$

$$h = h_a + h_f = 2.5\text{mm} + 3.125\text{mm} = 5.625\text{mm}$$

$$d = mz = 2.5 \times 96\text{mm} = 240\text{mm}$$

$$d_a = m(z+2) = 2.5 \times (96+2)\text{mm} = 245\text{mm}$$

$$d_f = m(z-2.5) = 2.5 \times (96-2.5)\text{mm} = 233.75\text{mm}$$

（3）测量和确定齿轮其他部分的尺寸

如齿轮宽度（$b = 60\text{mm}$），轴孔尺寸（$D = 58\text{mm}$），辐板尺寸（圆孔直径 $\phi35\text{mm}$、中心距 $a = 150\text{mm}$），键槽尺寸（宽 16mm，槽顶至孔底 62.3mm）等。

（4）绘制齿轮零件图（图 5-3-8）。

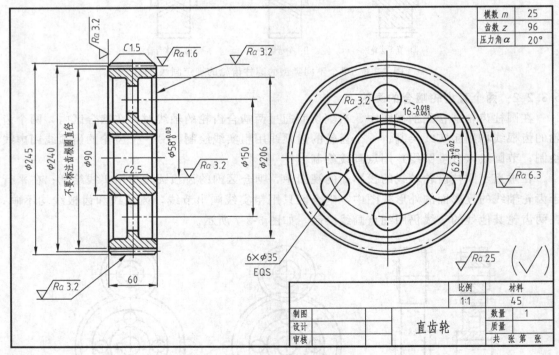

图 5-3-8　齿轮零件图

5.3.3 圆锥齿轮的画法

直齿圆锥齿轮通常用于垂直相交的两轴之间的传动。其主体结构由顶锥、前锥和背锥组成。轮齿分布在圆锥面上，齿形从大端到小端逐渐收缩。为了便于设计和制造，国家标准规

定以大端参数为标准值。

5.3.3.1 直齿圆锥齿轮各部分的名称和代号

直齿锥齿轮各部分名称，如图 5-3-9 所示。直齿锥齿轮的尺寸计算与圆柱齿轮相似，已知一对啮合直齿锥齿轮的模数和齿数，其各部分尺寸可按表 5-3-3 中的公式计算。

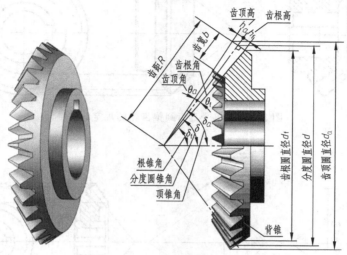

图 5-3-9　圆锥齿轮的各部分名称及代号

表 5-3-3　直齿锥齿轮各部分的尺寸关系

名称及代号	计算公式	名称及代号	计算公式
分度圆锥角(小轮)δ_1	$\tan\delta_1 = z_1/z_2$	大端齿根高 h_f	$h_f = 1.2m$
分度圆锥角(大轮)δ_2	$\tan\delta_2 = z_2/z_1$	大端齿高 h	$h = h_a + h = 2.2m$
		锥　距 R	$R = mz/2\sin\delta$
大端模数 m	$m = d/z$	齿顶角 θ_a	$\tan\theta_a = 2\sin\delta/z$
大端分度圆直径 d	$d = mz$	齿根角 θ_f	$\tan\theta_f = 2.4\sin\delta/z$
大端齿顶圆直径 d_a	$d_a = d + 2h_a\cos\delta = m(z + 2\cos\delta)$	顶锥角 δ_a	$\delta_a = \delta + \theta_a$
大端齿根圆直径 d_f	$d_f = d - 2h_f\cos\delta = m(z - 2\cos\delta)$	根锥角 δ_f	$\delta_f = \delta - \theta_f$
大端齿顶高 h_a	$h_a = m$	齿宽 b	$B \leqslant (1/3)R$

5.3.3.2 直齿圆锥齿轮的画法

（1）单个直齿圆锥齿轮的画法

单个直齿圆锥齿轮的画法与直齿圆柱齿轮的画法基本相同。主视图多用全剖视图，左视图中大端、小端齿顶圆用粗实线画出，大端分度圆用细点画线画出，齿根圆和小端分度圆规定不画，如图 5-3-10 所示。

单个圆锥齿轮的画法步骤如下：

① 根据锥齿轮的大端分度圆直径 d，分度圆锥角 δ 等参数，画出分度圆直径、分度圆锥和背锥，如图 5-3-11(a) 所示。

② 根据大端齿顶高 h_a、齿根高 h_f，画出齿顶线、齿根线，并定出齿宽 b，如图 5-3-11 (b) 所示。

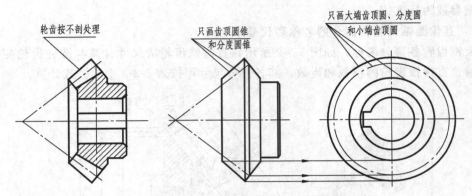

图 5-3-10　单个直齿圆锥齿轮的规定画法

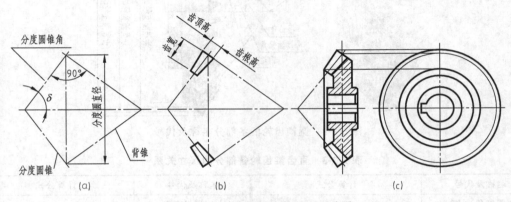

图 5-3-11　单个圆锥齿轮的画图步骤

③ 最后画出其他投影轮廓，填画剖面线，修饰并加深，如图 5-3-11(c) 所示。

（2）直齿圆锥齿轮啮合的画法

圆锥齿轮啮合的规定画法如图 5-3-12 所示。齿轮轮齿部分和啮合区的画法与直齿圆柱齿轮的啮合画法相同。

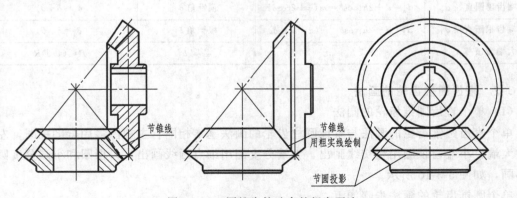

图 5-3-12　圆锥齿轮啮合的规定画法

5.3.4　蜗杆、蜗轮的画法

蜗杆、蜗轮用来传递交叉两轴间的运动和动力，以两轴交叉垂直为常见，一般蜗杆是主动件，蜗轮是从动件。蜗杆实际上是一齿数不多的斜齿圆柱齿轮，常用蜗杆的轴向剖面与梯形螺纹相似。蜗杆的齿数称为头数，相当于螺纹的线数。蜗轮相当于斜齿圆柱齿轮，其轮齿分布在圆环面上，使轮齿能包住蜗杆，以改善接触状况，延长使用寿命。

单个蜗杆、蜗轮的各部分名称和主要尺寸，可参看图 5-3-13。

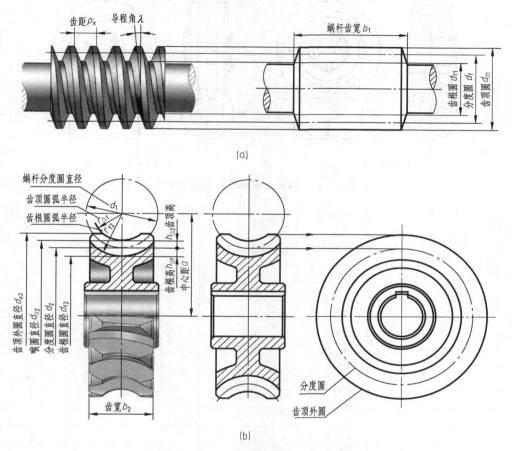

(a)

(b)

图 5-3-13　单个蜗杆、蜗轮的主要尺寸和规定画法

5.3.4.1　蜗杆的规定画法

蜗杆一般选用一个视图，其齿顶线、齿根线和分度线的画法与圆柱齿轮相同。图中用细实线表示的齿根线可省略不画，如图 5-3-13（a）所示。蜗杆齿形可用局部剖视或局部放大图表示。

5.3.4.2　蜗轮的规定画法

在投影为非圆的视图中，常采用全剖视或半剖视，齿轮的画法与圆柱齿轮相同，在与其相啮合的蜗杆轴线位置画出蜗杆分度圆和中心线，以便标注有关尺寸和中心距。

在投影为圆的视图中，只画出齿顶外圆和分度圆，喉圆与齿根圆省略不画，如图 5-3-13（b）所示。投影为圆的视图也可用表达键槽孔的局部视图取代。

5.3.4.3　蜗杆与蜗轮啮合的规定画法

在蜗杆投影为圆的视图中采用全剖视，蜗杆与蜗轮投影重合部分，只画蜗杆。在端面视图中采用局部剖视，蜗轮的喉圆用粗实线绘制，蜗杆齿顶线画至与蜗轮喉圆相交为止。啮合区内蜗杆的分度线与蜗轮的分度圆相切。

用视图表示蜗杆的外形时，在蜗杆投影为圆的视图中，蜗杆与蜗轮投影重合的部分，只画蜗杆。在蜗轮投影圆的视图中，蜗杆和蜗轮按各自的规定画法绘制。啮合区内蜗杆的分度线与蜗轮的分度圆相切，蜗杆齿根线可省略，如图 5-3-14 所示。

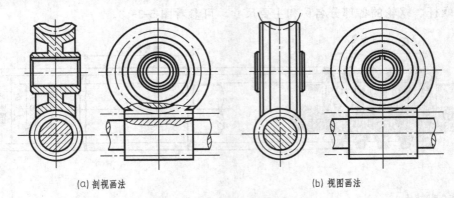

(a) 剖视画法　　　　　　　　(b) 视图画法

图 5-3-14　蜗轮与蜗杆啮合的规定画法

记一记

项目六　典型零件图的识读与绘图

【项目导读】　任何一台机器或一个部件，都是由若干零件按一定的装配关系和技术要求装配起来的。表达单个零件结构形状、尺寸大小和技术要求的图样称为零件图。零件图是设计部门提供给生产部门的重要技术文件，是生产准备、加工制造、质量检查及测量的依据。它不仅反映了设计者的设计意图，而且表达了零件的各种技术要求，如尺寸精度、表面粗糙度等。

任务 6.1　认识零件的结构与视图表达方案

引导问题

- 零件图由哪几部分组成？
- 怎么选择零件的主视图？
- 零件有哪些工艺结构？

【任务导入】

识读图 6-1-1 所示的轴零件图。通过识读零件图，了解以下几方面内容：

① 分清零件图图纸由几方面内容构成；

② 轴零件在机器或者部件中的位置、作用和加工方法；

③ 轴零件具有哪些机械加工结构，这些结构的特点和作用；

④ 轴零件使用了哪些表达方法，这些表达方法的使用意义。

【知识链接】

6.1.1　零件图视图的表达

一张完整的零件图应包括以下几项基本内容。

（1）一组视图

该组视图要综合运用视图、剖视图、断面图、局部放大图及各种规定和简化画法，完

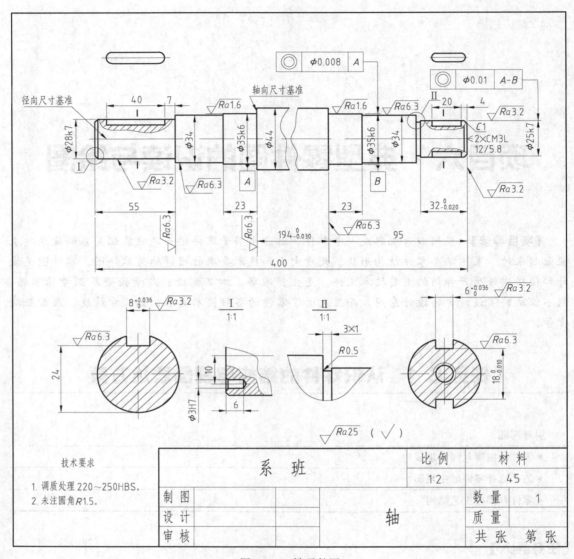

图 6-1-1 轴零件图

整、清晰、准确和简洁地表达出零件的内（外）结构、形状和相对位置。

（2）完整的尺寸

图样上必须正确、完整、清晰、合理地标注出零件各部分结构形状的大小和相对位置的全部尺寸，以便于零件的制造和检验。

（3）技术要求

图样上要用规定的符号、代号和数字、文字注明零件在制造、检验、装配过程中应达到的各项技术指标和要求，如表面粗糙度、尺寸公差、形位公差、材料和热处理以及其他特殊要求。

（4）标题栏

标题栏应配置在图框的右下角，主要填写零件的名称、材料、数量、比例、图样代号，设计、审核、批准者的姓名，日期等。标题栏的尺寸和格式已经标准化，可参见有关标准。

6.1.2　零件图的视图选择

零件图的视图选择应根据零件的结构特点、加工方法以及零件在机器或部件中的位置、作用等因素，灵活选择视图、剖视图、断面图及其他表达方法，并尽量减少视图的数量。

6.1.2.1　主视图的选择

主视图是一组图形的核心，一般将表示零件信息量最多的那个视图作为主视图，零件主视图的选择应遵循合理位置、形状特征等基本原则。

形状特征原则就是将最能反映零件形状特征的方向作为主视图的投影方向，以满足表达零件清晰的要求，如图 6-1-2 所示。

合理位置原则是指零件的工作位置原则、加工位置原则和安放位置原则。

（1）工作位置原则

工作位置原则是指主视图按照零件在机器中工作的位置放置，以便把零件和整个机器的工作状态联系起来。对于叉架类、箱体类零件，因为常需经过多种工序加工，且各工序的加工位置也不同，故主视图应选择工作位置，以便读图时与装配图对照，想象出零件在部件中的位置和作用，如图 6-1-3(a) 所示的吊钩。

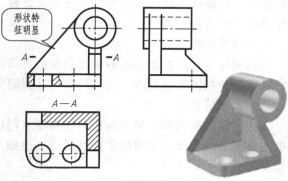

图 6-1-2　主视图的形状特征原则

（2）加工位置原则

加工位置原则是指主视图按照零件在机床上加工时的装夹位置放置，应尽量与零件主要加工工序中所处的位置一致。例如轴、套、圆盘类零件，大部分工序是在车床和磨床上进行的，为了使工人在加工时读图方便，主视图应将其轴线水平放置，如图 6-1-3(b) 所示。

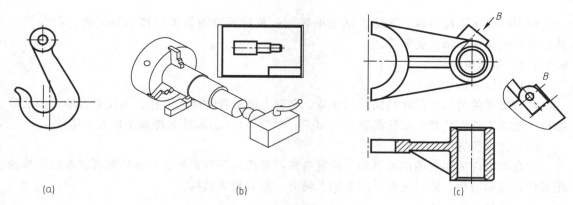

|(a)|(b)|(c)|

图 6-1-3　主视图的合理位置原则

（3）安放位置原则

如果零件的工作位置是斜的，不便按工作位置放置，而加工位置较多，又不便按加工位置放置，这时可将零件的主要部分放正，按自然安放位置放置，以利于布图和标注尺寸，如图 6-1-3(c) 所示的拨叉。

由于零件的形状各不相同，在选择不同零件的主视图时，除考虑上述因素外，还要综合考虑其他视图选择的合理性。

6.1.2.2 其他视图的选择

主视图选定后，再运用形体分析法对零件的各组成部分进行分析，对主视图没有表达清楚的部分，选用其他视图来完善表达，使每一视图都具有其表达的重点和必要性。

其他视图的选择，应考虑零件还有哪些结构形状未表达清楚，优先选择基本视图，并根据零件内部形状，选取相应的剖视图。对于尚未表达清楚的零件局部形状或细部结构，可选择局部视图、局部剖视图、断面图、局部放大图等。对于同一零件，特别是结构形状比较复杂的零件，可选择不同的表达方案进行分析比较，最后确定一个较好的方案。具体选用时，应注意以下几点。

（1）视图的数量

所选的每个视图都必须具有独立存在的意义及明确的表达重点，并应相互配合、彼此互补。既要防止视图数量过多、表达松散，又要避免将表达重点过多地集中在一个视图上。

（2）选图的步骤

首先选用基本视图，然后选用其他视图（剖视、断面等表达方法兼用），先考虑表达零件的主要部分的形体和相对位置，然后再表达细节部分。根据需要增加向视图、局部视图、斜视图等。

（3）图形清晰、便于读图

其他视图的选择，除了要求把零件各部分的形状和它们的相互关系完整地表达出来之外，还应该做到便于读图，清晰易懂，尽量避免使用虚线。

初选时，采用逐个增加视图的方法，即每选一个视图都考虑表达什么、是否需要剖视、怎样剖、还有哪些结构未表达清楚等。在初选的基础上进行精选，以确定一组合适的表达方案，在准确、完整表达零件结构形状的前提下，使视图的数量最少。

6.1.3 典型零件的表达分析

根据零件在结构形状、表达方法上的区别，常将其分为四类：轴套类零件、盘盖类零件、叉架类零件和箱体类零件。

6.1.3.1 轴套类零件

（1）形体分析

轴套类零件的基本形状是同轴回转体，在轴上通常有键槽、销孔、螺纹退刀槽、倒圆等结构，此类零件主要是在车床或磨床上加工，如图 6-1-1 所示的轴即属于轴套类零件。

（2）主视图选择

轴套类零件的主视图应按其加工位置选择，常按水平位置放置，这样既可把各段形体的相对位置表示清楚，同时又能反映出轴上轴肩、退刀槽等结构。

（3）其他视图的选择

轴套类零件主要结构形状是回转体，一般只画一个主视图。零件上的键槽、孔等结构，可采用局部视图、局部剖视图、移出断面图和局部放大图等表达方法。

6.1.3.2 盘盖类零件

（1）形体分析

盘盖类零件包括端盖、阀盖、齿轮等，这类零件的基本形体一般为回转体或其他几何形

状的扁平盘状体，通常还带有各种形状的凸缘、均布的圆孔和肋等局部结构，如图 6-1-4
所示。

（2）主视图选择

盘盖类零件的毛坯有铸件或锻件，机械加工以车削为主，主视图一般按加工位置水平放
置，但有些较复杂的盘盖，因加工工序较多，主视图也可按工作位置画出。为了表达零件内
部结构，主视图常取全剖视。

（3）其他视图的选择

盘盖类零件一般需要两个以上基本视图表达，除主视图外，为了表示零件上均布的孔、
槽、肋、轮辐等结构，还需选用一个端面视图（左视图或右视图），如图 6-1-4 就增加了一
个左视图，以表达凸缘和四个均布的通孔。

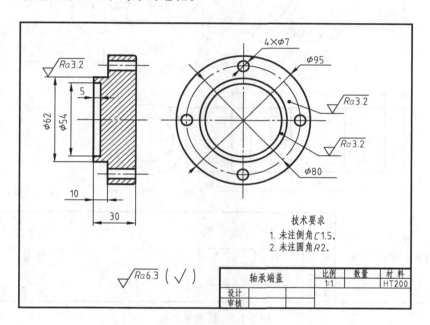

图 6-1-4　轴承端盖零件图

6.1.3.3　叉架类零件

（1）形体分析

叉架类零件一般有拨叉、连杆、支座等。此类零件常用倾斜或弯曲的结构连接零件的工
作部分与安装部分。叉架类零件多为铸件或锻件，因而具有铸造圆角、凸台、凹坑等常见结
构，如图 6-1-5 所示托架就属于叉架类零件。

（2）主视图选择

叉架类零件结构形状比较复杂，加工位置多变，有的零件工作位置也不固定，所以这类
零件的主视图一般按工作位置原则和形状特征原则择优确定。

（3）其他视图选择

对其他视图，常常需要两个或两个以上的基本视图，并且还要用适当的局部视图、断面
图等来表达零件的局部结构。图 6-1-5 中为了说明圆筒和平板之间用的槽钢结构，采用了移
出断面；为了说明圆筒上凸台形状以及两个螺孔的尺寸和位置，采用了向视图。

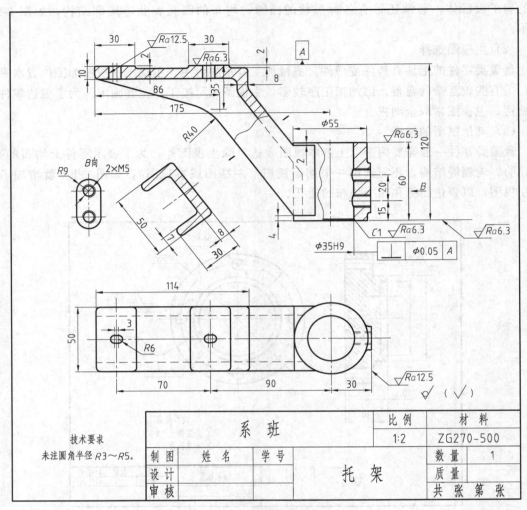

技术要求
未注圆角半径 $R3 \sim R5$。

系 班			比 例	材 料	
			1:2	ZG270-500	
制图	姓 名	学 号	托 架	数 量	1
设计				质 量	
审核				共 张 第 张	

图 6-1-5　托架零件图

6.1.3.4　箱体类零件

（1）形体分析

箱体类零件，包括各种阀体、泵体和箱体等，多为铸造件，在机器或部件中主要起容纳、支撑、密封或定位其他零件的作用。这类零件有复杂的内腔和外形结构，并带有轴承孔、凸台、肋板、安装孔、螺孔等。图 6-1-6 为液压缸中用来安装活塞、缸盖和活塞杆等零件的缸体。

（2）主视图选择

由于箱体类零件内外结构复杂，需多道工序制造而成，加工位置多变，所以在选择主视图时，主要根据工作位置原则和形状特征原则来考虑，并采用剖视，以重点反映其内部结构。图 6-1-6 中，主视图采用全剖视图表达缸体内腔结构形状。

（3）其他视图选择

为了表达箱体类零件的内外结构，常需要用三个或三个以上的基本视图，并根据结构特点在基本视图上取剖视，还可采用局部视图、斜视图及规定画法等表达外形。图 6-1-6 中的左视图采用半剖视图，而为了表达缸体的外部结构，俯视图则采用了基本视图。

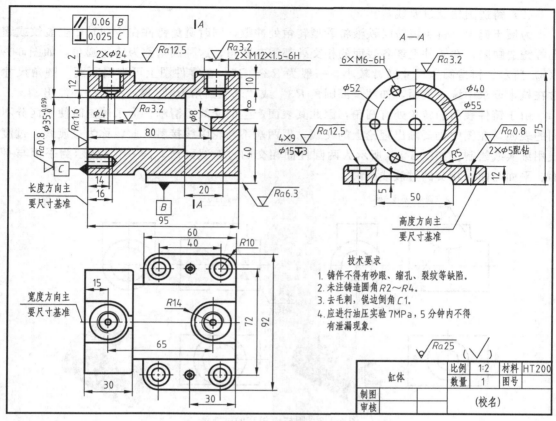

图 6-1-6　缸体零件图

6.1.4　零件上的常见工艺结构

6.1.4.1　铸件工艺结构

（1）起模斜度

用铸造方法制造零件的毛坯时，为了便于将模样从砂型中取出，铸件的内外壁沿脱模方向应设计成具有一定的斜度（通常约 1：20，约 3°），称为起模斜度。如图 6-1-7（a）所示，这种斜度在图上可以不标注，也可不画出。必要时，可在技术要求中注明。

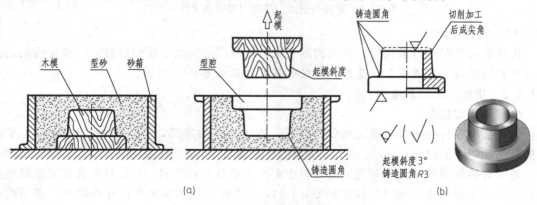

图 6-1-7　起模斜度和铸造圆角

（2）铸造圆角及过渡线

为便于起模，避免浇铸时铁液将砂型转角处冲毁，同时避免铸件在冷却时产生裂纹或缩孔等铸造缺陷，在铸件毛坯各表面的相交处都需有圆角，这种圆角称为铸造圆角，如图 6-1-7(b) 所示。铸造圆角尺寸通常较小，一般为 $R2\sim R5$，在零件图上可省略不画。圆角尺寸常在技术要求中统一说明，如"全部圆角 $R3$"或"未注圆角 $R4$"等，不必一一注出。

由于铸件表面的转角处有圆角，因此其表面产生的交线不清晰。为了读图时便于区分不同的表面，在图中仍要画出理论上的交线，但两端不与轮廓线接触，此线称为过渡线。过渡线用细实线绘制。如图 6-1-8 所示为两圆柱面相交的过渡线画法，图 6-1-9 所示为平面与平面、平面与曲面相交的过渡线画法。

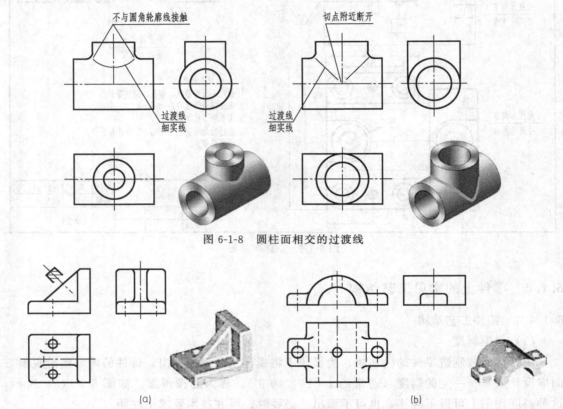

图 6-1-8　圆柱面相交的过渡线

图 6-1-9　平面与平面、平面与曲面相交的过渡线

（3）铸件壁厚

铸件各处壁厚应力求均匀，不宜相差过大，壁厚应由大到小缓慢过渡，以避免压制或浇铸后在凝固过程中造成缩孔、变形和裂纹等缺陷，如图 6-1-10 所示。

6.1.4.2　机械加工工艺结构

（1）倒角和倒圆

为了去除零件的毛刺、锐边和便于装配，在轴或孔的端部，一般都加工成倒角。45°倒角的注法如图 6-1-11(a) 所示，非 45°倒角的注法如图 6-1-11(b) 所示。

对于阶梯轴或孔，为了避免因应力集中而产生裂纹，在轴肩、孔肩处往往加工成圆角的过渡形式，称为倒圆。倒圆的标注如图 6-1-11(c) 所示。倒角和倒圆是标准结构，其结构要素可通过查阅附表 13 确定。

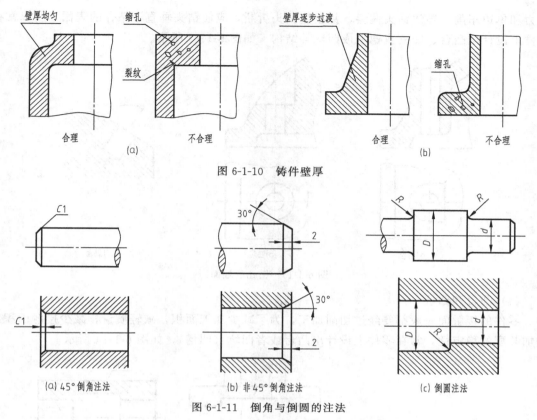

图 6-1-10　铸件壁厚

（a）45°倒角注法　　　（b）非45°倒角注法　　　（c）倒圆注法

图 6-1-11　倒角与倒圆的注法

（2）退刀槽和砂轮越程槽

在车削螺纹和磨削轴表面时，为了便于退出刀具或砂轮可以稍越过加工面，常在待加工面末端预先车出退刀槽或砂轮越程槽。退刀槽或砂轮越程槽的尺寸可按"槽宽×槽深"的形式标注，如图 6-1-12（a）、（c）所示，退刀槽也可按"槽宽×直径"的形式标注，如图 6-1-12（b）所示。

（3）钻孔结构

零件上有各种形式的孔，多数是用钻头加工而成的。用钻头钻孔时，为了避免出现单边

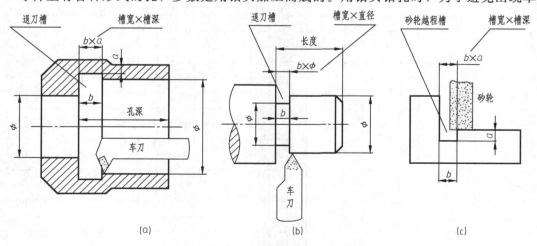

图 6-1-12　退刀槽和砂轮越程槽的注法

受力和单边车削，导致钻头偏斜，甚至使钻头折断，应使钻头垂直于钻孔的表面，所以常在铸件上设计出凸台、凹槽或锪平成凹坑等结构，如图 6-1-13 所示。

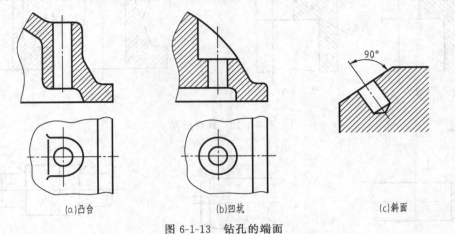

(a)凸台　　　　(b)凹坑　　　　(c)斜面

图 6-1-13　钻孔的端面

（4）凸台和凹坑

零件的接触面一般都要经过切削加工，为了减少加工面积，减轻质量，减少接触面积以增加装配的稳定性，常在零件上设计出凸台或者凹坑（凹槽），如图 6-1-14 所示。

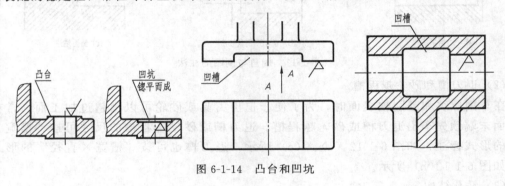

图 6-1-14　凸台和凹坑

记一记

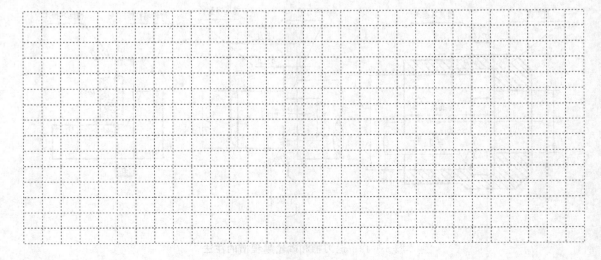

任务 6.2　识读零件图的技术要求

引导问题

• 零件图上技术要求包括哪几方面的要求？

• 合理地标注尺寸，应考虑哪些问题？

• 在装配图与零件图中标注公差与配合，要注意哪些问题？

• 在零件图中如何标注形位公差？

• 如何标注零件的表面粗糙度？

【任务导入】

识读 6-1-1 所示轴零件图。通过识读零件图了解以下问题：

① 理解轴上标注的所有尺寸的意义，分清哪些是定形尺寸、定位尺寸。

② 找到轴的轴向和径向的尺寸基准。

③ 按国家标准要求，正确标注各种类型尺寸。

④ 识读轴零件图上的形位公差的含义，标注形位公差的要求和方法。

⑤ 识读轴零件图上的表面粗糙度的含义，标注表面粗糙度的要求和方法。

【知识链接】

零件图上除了有表达零件结构形状的图形和尺寸外，还必须有制造零件时应达到的技术要求，如表面粗糙度、极限与配合、几何公差、热处理和表面处理等方面的内容。

零件图上的技术要求，应按照国家标准规定的符号、代号、文字标注在图形上。对于一些无法标注在图形上的内容，可以用文字分别注写在图纸下方的空白处。

6.2.1　零件的尺寸标注

6.2.1.1　尺寸基准的选择

在零件图中，除了用一组完整的视图表达清楚零件内外的结构形状外，还必须标注一组完整的尺寸，以表示该零件的大小。零件图上的尺寸是加工检验零件的重要依据，除了要符合前面所述的完整、清晰、符合国家标准规定的要求外，还要考虑如何把零件的尺寸标注得合理，以符合设计要求和工艺要求。要满足这些要求，就必须正确地选择尺寸基准，所谓尺寸基准，就是标注尺寸的起点，它可以是零件上对称平面、安装底平面、端面、零件的结合面、主要孔和轴的轴线等。根据基准的作用不同，可分为设计基准和工艺基准。

（1）尺寸基准的分类

① 设计基准：根据零件结构特点和设计要求而选定的基准，称为设计基准。零件有长、宽、高三个方向，每个方向都要有一个设计基准，该基准又称为主要基准，如图 6-2-1 所示。

对于轴套类和盘盖类零件，实际设计中经常采用的是轴向基准和径向基准，而不用长、宽、高度基准，如图 6-2-2 所示。

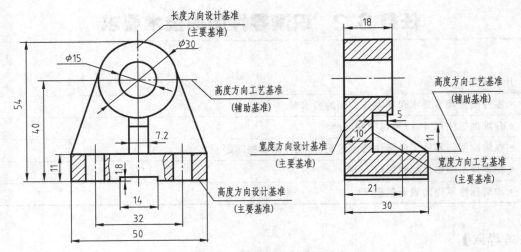

图 6-2-1 轴承座的尺寸基准

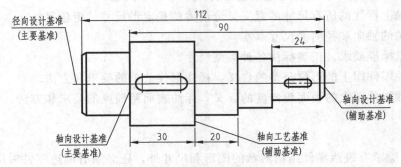

图 6-2-2 轴的尺寸基准

② 工艺基准：在加工时，确定零件装夹位置和刀具位置的一些基准以及检测时所使用的基准，称为工艺基准。工艺基准有时可能与设计基准重合，该基准不与设计基准重合时又称为辅助基准。零件同一方向有多个尺寸基准时，主要基准只有一个，其余均为辅助基准，辅助基准必有一个尺寸与主要基准相联系，该尺寸称为联系尺寸。如图 6-2-1 中的 40、11，图 6-2-2 中的 30、90。

（2）尺寸基准的选择原则

在选择尺寸基准时，尽可能使设计基准与工艺基准一致，以减少两个基准不重合而引起的尺寸误差。当设计基准与工艺基准不一致时，应以保证设计要求为主，将重要尺寸从设计基准注出，次要基准从工艺基准注出，以便加工和测量。

6.2.1.2 尺寸标注的步骤

当零件结构比较复杂，形体比较多时，完整、清晰、合理地标注出全部尺寸是一件非常复杂的工作，只有遵从合理科学的方法和步骤，才能将尺寸标注得符合要求。标注复杂零件的尺寸通常按下述步骤进行。

① 分析尺寸基准，尺寸标注从基准出发。设计基准反映设计要求，保证零件在机器中的工作性能。工艺基准反映工艺要求，使零件便于加工、测量。

② 形体分析，标注主要形体的定形及定位尺寸。

③ 形体分析，标注次要形体的定形及定位尺寸。

④ 整理完成全部尺寸的标注。

按形体分析法注出全部形体的尺寸之后，还要综合起来检查一下各形体之间的相对位置是否确定，有无多余、遗漏尺寸，基准是否合理，尺寸布置是否清晰。检查无误后，将全部尺寸加深。

6.2.1.3　尺寸配置的形式

由于零件的设计、工艺要求不同，尺寸基准的选择也不尽相同，标注尺寸的配置形式分为以下三种，如图 6-2-3 所示。

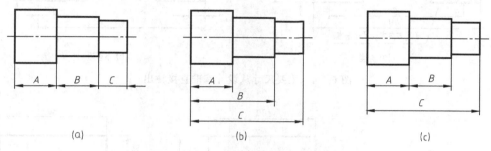

图 6-2-3　尺寸标注的三种形式

（1）连续型尺寸配置

这种尺寸配置，后一个尺寸分别以前一个尺寸为基准，如图 6-2-3（a）所示，它的优点是尺寸精度只受这一段加工误差的影响。前面各尺寸的误差并不影响正在加工的尺寸精度。但总尺寸的误差则是各段尺寸误差之和。

（2）基准型尺寸配置

所有尺寸从一个事先选定的基准开始，如图 6-2-3（b）所示，它的优点是每个尺寸的加工精度只决定这一部分加工时的加工误差，不受其他尺寸误差的影响。

（3）综合式尺寸配置

把上述两种尺寸配置形式综合起来，如图 6-2-3（c）所示，这是应用最为广泛的标注形式，具有以上两种标注形式的优点。当零件上一些较重要的尺寸要求误差较小时宜采用这种标注方法。

6.2.1.4　合理标注尺寸应注意的问题

（1）主要尺寸应从设计基准直接注出

如图 6-2-4 中的高度尺寸 a 为主要尺寸，应直接从高度方向主要基准直接注出，以保证精度要求。

（2）功能尺寸应直接标注

为保证设计的精度要求，功能尺寸应直接标注。如图 6-2-5(a) 所示的装配图表明了零件凸块与凹槽之间的配合要求；如图 6-2-5（b）所示，在零件图中直接注出功能尺寸 $40^{-0.025}_{-0.050}$ 和 $40^{+0.039}_{0}$，11、12 保证两零件的配合要求；而图 6-2-5(c) 中的尺寸，则需经过计算得出，是错误的。

（3）避免出现封闭的尺寸链

封闭的尺寸链是指一个零件同一方向上的尺寸一环扣一环首尾相连，成为封闭形状的情况。在标注尺寸时，应将次要尺寸空出不注（称为开口环），其他各段加工的误差都积累至这个不要求检验的尺寸上，主要轴段的尺寸则可以得到保证，如图 6-2-6 所示。

（4）应考虑加工方法，符合加工顺序

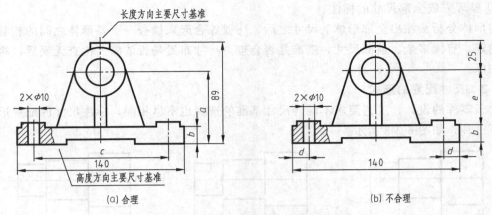

图 6-2-4　主要尺寸从设计基准直接注出

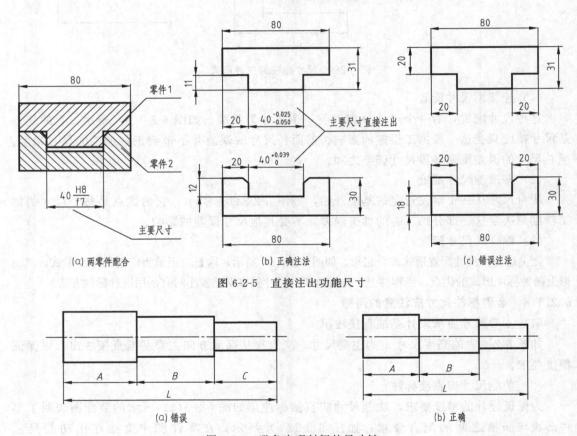

图 6-2-5　直接注出功能尺寸

图 6-2-6　避免出现封闭的尺寸链

为便于不同工种的加工者读图，不同加工方法所用尺寸分开标注，并将零件上的加工面与非加工面尺寸尽量分别注在图形的两边，如图 6-2-7（a）所示；对同一工种加工的尺寸，要适当集中标注，以便于加工时查找，如图 6-2-7（b）所示。

（5）考虑测量方便

标注孔深尺寸时，除了要便于直接测量，也要便于调整刀具的进给量。如图 6-2-8（b）所示，孔深尺寸 14 的注法，不便于用深度尺直接测量；图 6-2-8（d）中，尺寸 5、5、29 在

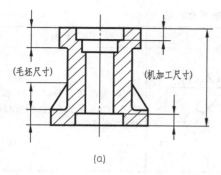

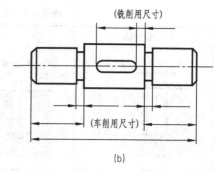

图 6-2-7 考虑加工方法

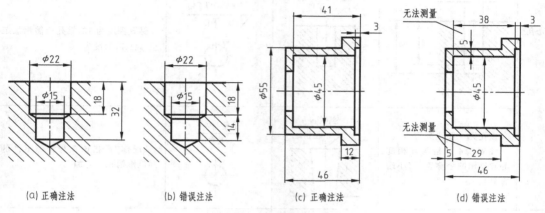

图 6-2-8 标注便于测量

加工时无法直接测量，而套筒的外径需经计算才能得出，所以以上都是错误的注法。

（6）长圆孔的尺寸注法

零件上长圆形的孔或凸台，由于其作用和加工方法不同，因而有不同的尺寸注法。

① 在一般情况下，键槽、散热孔以及在薄板零件上冲出的加强肋等，采用第一种注法，如图 6-2-9（a）所示。

② 当长圆孔用于装入螺栓时，中心距就是允许螺栓变动的距离，也是钻孔的定位，采用第二种注法，如图 6-2-9（b）所示。

③ 在特殊情况下，可采用特殊注法，此时宽度"8"与半径"R4"不认为是重复尺寸，如图 6-2-9（c）所示。

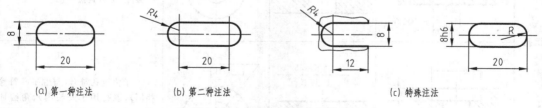

图 6-2-9 长圆孔或凸台的注法

6.2.1.5 零件典型结构的尺寸标注

零件上常见的销孔、锪平孔、沉孔、螺纹孔等的尺寸标注可见表 6-2-1，标注方法有一般注法和旁注法两种。

表 6-2-1　零件上常见孔的尺寸注法

类型	一般注法	旁注法		说明
光孔	$4\times\phi4$ ／ 10	$4\times\phi4\downarrow10$	$4\times\phi4\downarrow10$	"▽"为深度符号，$4\times\phi4$ 表示 4 个直径为 4 的光孔，孔深可与孔径连注，也可分注
光孔	$4\times\phi4H7$ ／ 10 12	$4\times\phi4H7\downarrow10$ ／ $\downarrow12$	$4\times\phi4H7\downarrow10$ ／ $\downarrow12$	钻孔深度为 12，钻孔后需精加工至 $\phi4H7$，深度为 10
	该孔无一般注法 注意：$\phi4$ 是指与其相配的圆锥销的公称直径（小端直径）	锥销孔 $\phi4$ 配作	锥销孔 $\phi4$ 配作	"配作"系指该孔与相邻零件的同位锥销孔一起加工
锪孔	$\phi13$ ／ $4\times\phi6.6$	$4\times\phi6.6$ ／ ⊔ $\phi13$	$4\times\phi6.6$ ⊔ $\phi13$	"⊔"为锪平孔符号，锪平孔在加工时通常锪平到不出现毛面为止，锪平面 $\phi13$ 的深度不需标注
沉孔	$90°$ $\phi13$ ／ $6\times\phi6.6$	$6\times\phi6.6$ ／ ∨ $\phi13\times90°$	$6\times\phi6.6$ ∨ $\phi13\times90°$	"∨"为埋头孔符号，该孔用于安装开槽沉头螺钉，$6\times\phi6.6$ 表示 6 个直径为 6.6 的孔，锥形沉孔可以旁注，也可直接注出
沉孔	$\phi11$ ／ 3 $4\times\phi6.6$	$4\times\phi6.6$ ／ ⊔ $\phi11\downarrow3$	$4\times\phi6.6$ ⊔ $\phi11\downarrow3$	"⊔"为沉孔符号（与锪平孔符号相同），该孔用于安装内六角圆柱头螺钉，承装头部的柱形沉孔直径 $\phi11$，深度 3，均需标注

类型	一般注法	旁注法	说明
螺纹孔	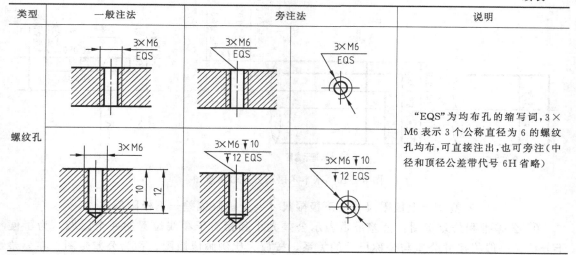		"EQS"为均布孔的缩写词，3×M6 表示 3 个公称直径为 6 的螺纹孔均布，可直接注出，也可旁注（中径和顶径公差带代号 6H 省略）

6.2.2 公差与配合在图样上的标注与识读

相同规格的零件，任取其中一个就能装到机器中去，并满足机器性能的要求，零件的这种性质称为互换性。零件具有互换性，不仅能组织大规模的专业化生产，而且可以提高产品质量、降低成本，便于装配和维修，有利于组织生产协作，提高经济效益。

为使零件具有互换性，必须保证零件的尺寸、表面粗糙度、几何形状及零件上有关要素的相互位置等技术要求的一致性。就尺寸而言，互换性要求尺寸具有一致性，并不是要求零件都准确地制成一个指定的尺寸，而是限定在一个合理的范围内变动。对于相互配合的零件，这个范围一是要求在使用和制造上是合理、经济的；二就是要求保证相互配合的尺寸之间形成一定的配合关系，以满足不同的使用要求。前者要以"公差"的标准化——极限制来解决，后者要以"配合"的标准化来解决，由此产生了"极限与配合"制度。建立极限与配合制度是保证零件具有互换性的必要条件。

6.2.2.1 公差的有关术语

在零件的加工过程中，由于机床精度、刀具磨损、测量误差等因素的影响，误差是不可避免的，但必须将零件尺寸的误差限制在允许的范围内，这种尺寸允许的变动量就称为尺寸公差，简称公差。如图 6-2-10 所示，轴的尺寸公差是 0.016。

① 公称尺寸：设计时所确定的尺寸，图 6-2-10 中轴的公称尺寸为 $\phi40$。

② 实际尺寸：通过测量所得到的尺寸。

③ 极限尺寸：一个孔或轴允许尺寸变动的两个极限值。一个孔或轴允许的最大尺寸称为上极限尺寸，图 6-2-10 中轴的上极限尺寸为 $\phi40.050$；一个孔或轴允许的最小尺寸称为下极限尺寸，图 6-2-10 中轴的下极限尺寸为 $\phi40.034$。

④ 偏差：某一尺寸减去公称尺寸所得的代数差。极限偏差有上极限偏差和下极限偏差，它们可以为正值、零或负值，图 6-2-10 中轴的极限偏差为：

上极限偏差(孔为 ES，轴为 es)＝上极限尺寸－公称尺寸＝0.050

下极限偏差(孔为 EI，轴为 ei)＝下极限尺寸－公称尺寸＝0.034

⑤ 尺寸公差（简称公差）：允许尺寸的变动量。

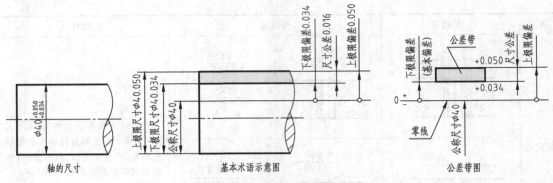

图 6-2-10　基本术语与公差带示意图

公差 T＝上极限尺寸－下极限尺寸＝上极限偏差－下极限偏差

⑥ 公差带和公差带图：公差带是表示公差大小和相对于零线位置的一个区域。为了便于分析，一般将尺寸公差与公称尺寸的关系，按放大比例画成简图，称为公差带图。在公差带图中用于表示公称尺寸的一条直线称为零线。在公差带图中，上、下极限偏差的距离应按比例绘制，公差带方框的左右长度根据需要任意确定，如图 6-2-10 所示。

⑦ 标准公差和公差等级：标准公差是在国家标准表中所列出的，用以确定公差带大小的公差。

国家标准对≤3～500mm 的公称尺寸规定了 20 个公差等级，即 IT01、IT0、IT1、IT2、…、IT18。其中，IT 为标准公差代号，数字表示公差等级代号。等级数值愈小，表示精度愈高。选用公差等级的原则是在满足使用要求的前提下，尽可能选择较低的公差等级。标准公差数值可由表 6-2-2 中查得。

表 6-2-2　标准公差数值（摘自 GB/T 1800.1—2009）

基本尺寸/mm		标准公差等级																			
大于	至	IT01	IT0	IT1	IT2	IT3	IT4	IT5	IT6	IT7	IT8	IT9	IT10	IT11	IT12	IT13	IT14	IT15	IT16	IT17	IT18
		μm												mm							
—	3	0.3	0.5	0.8	1.2	2	3	4	6	10	14	25	40	60	0.1	0.14	0.25	0.4	0.6	1	1.4
3	6	0.4	0.6	1	1.5	2.5	4	5	8	12	18	30	48	75	0.12	0.18	0.3	0.48	0.75	1.2	1.8
6	10	0.4	0.6	1	1.5	2.5	4	6	9	15	22	36	58	90	0.15	0.22	0.36	0.58	0.9	1.5	2.2
10	18	0.5	0.8	1.2	2	3	5	8	11	18	27	43	70	110	0.18	0.27	0.43	0.7	1.1	1.8	2.7
18	30	0.6	1	1.5	2.5	4	6	9	13	21	33	52	84	130	0.21	0.33	0.52	0.84	1.3	2.1	3.3
30	50	0.6	1	1.5	2.5	4	7	11	16	25	39	62	100	160	0.25	0.39	0.62	1	1.6	2.5	3.9
50	80	0.8	1.2	2	3	5	8	13	19	30	46	74	120	190	0.3	0.46	0.74	1.2	1.9	3	4.6
80	120	1	1.5	2.5	4	6	10	15	22	35	54	87	140	220	0.35	0.54	0.84	1.4	2.2	3.5	5.4
120	180	1.2	2	3.5	5	8	12	18	25	40	63	100	160	250	0.40	0.63	1.00	1.60	2.50	4.0	6.3
180	250	2	3	4.5	7	10	14	20	29	46	72	115	185	290	0.46	0.72	1.15	1.85	2.90	4.6	7.2
250	315	2.5	4	6	8	12	16	23	32	52	81	130	210	320	0.52	0.81	1.30	2.10	3.20	5.2	8.1
315	400	3	5	7	9	13	18	25	36	57	89	140	230	360	0.57	0.89	1.40	2.30	3.60	5.7	8.9
400	500	4	6	8	10	15	20	27	40	63	97	155	250	400	0.63	0.97	1.55	2.50	4.00	6.3	9.7

⑧ 基本偏差：国家标准表中列出的，用以确定公差带相对于零线位置的上极限偏差或下极限偏差，称为基本偏差，一般是指公差带靠近零线的那个偏差。当公差带位于零线上方时，基本偏差为下偏差；当公差带位于零线下方时，基本偏差为上偏差。

为了满足各种配合要求，国家标准分别对孔和轴各规定 28 个不同的基本偏差，按顺序排成了基本偏差系列，其中孔的基本偏差代号用大写英文字母表示，轴的基本偏差代号用小写英文字母表示，如图 6-2-11 所示。

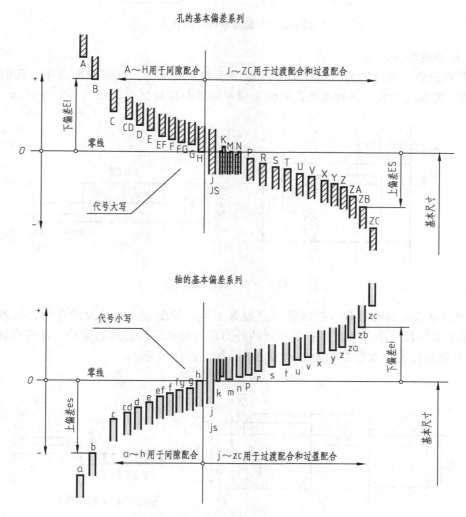

图 6-2-11 基本偏差系列

⑨ 公差带代号：孔、轴公差带代号由基本偏差代号和公差等级代号组成。如 H8、F7、G7 等为孔公差带代号；h7、f7、g6 等为轴公差带代号。图 6-2-12 为公差带代号的含义。

6.2.2.2 配合与配合基准制

在机器的装配中，一般将公称尺寸相同、相互结合的孔和轴公差带之间的关系，称为配合。规定：孔的尺寸减去相配合的轴的尺寸之差为正，称为间隙；孔的尺寸减去相配合的轴的尺寸之差为负，称为过盈。根据使用要求不同，配合分为间隙配合、过盈配合和过渡配合三种。

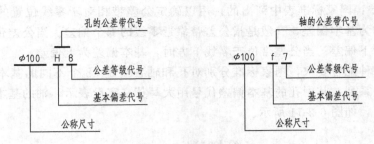

图 6-2-12   公差带代号的含义

（1）配合的有关术语

① 间隙配合：具有间隙（包括最小间隙等于零）的配合。在间隙配合中，孔的实际尺寸总比轴的实际尺寸大，其特点是孔的公差带在轴的公差带之上，如图 6-2-13 所示。

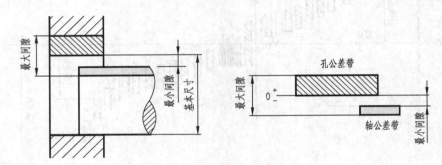

图 6-2-13   间隙配合

② 过盈配合：具有过盈（包括最小过盈等于零）的配合。在过盈配合中，孔的实际尺寸总比轴的实际尺寸小（装配时需要一定的外力或将带孔零件加热膨胀后，才能把轴压入孔中），其特点是孔的公差带在轴的公差带之下，如 6-2-14 所示。

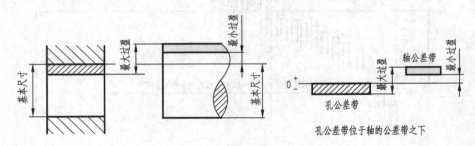

孔公差带位于轴的公差带之下

图 6-2-14   过盈配合

③ 过渡配合：在过渡配合中，轴的实际尺寸有时比孔的实际尺寸小，有时比孔的实际尺寸大，装配在一起时，可能出现间隙，也可能出现过盈，但间隙或过盈都相对较小，如图 6-2-15 所示。

（2）配合的基准制

当基本尺寸确定之后，为了得到各种不同性质的配合，需要确定其公差带。如果孔与轴的公差带任意变动，则配合情况变化很多，不便于零件的设计和制造。为此，国家标准对配合规定了两种基准制，即基孔制和基轴制。

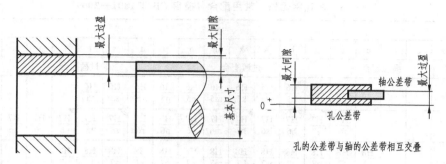

图 6-2-15 过渡配合

① 基孔制：基本偏差一定的孔的公差带，与不同基本偏差的轴的公差带形成各种配合的制度称为基孔制。基孔制的孔为基准孔，其基本偏差代号为 H，下偏差为零，如图 6-2-16（a）所示。由于轴比孔易于加工，应优先选用基孔制配合。与基准孔配合的轴，其基本偏差 a～h 用于间隙配合；j～n 一般用于过渡配合；p～zc 一般用于过盈配合。

② 基轴制：基本偏差一定的轴的公差带，与不同基本偏差的孔的公差带形成各种配合的制度称为基轴制。基轴制的轴为基准轴，其基本偏差代号为 h，上偏差为零，如图 6-2-16（b）所示。与基准轴相配的孔，其基本偏差 A～H 用于间隙配合；J～N 一般用于过渡配合；P～ZC 一般用于过盈配合。

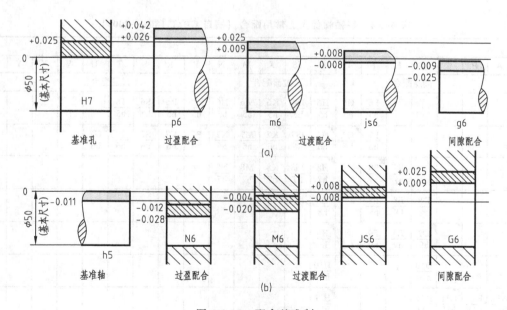

图 6-2-16 配合基准制

实际生产中选用基孔制还是基轴制，要从机器或部件的结构、工艺要求、经济性等方面考虑，一般情况下优先选用基孔制。若与标准件形成配合时，应按标准件确定基准制，如与滚动轴承内圈配合的轴应按基孔制；与滚动轴承外圈配合的孔应选择基轴制。

6.2.2.3 常用配合和优先配合

根据机械工业产品的实际需要，国家标准在公称尺寸 3～500mm 的范围内，规定了优先选用的孔、轴公差带及相应的优先、常用配合，如表 6-2-3、表 6-2-4 所示。

表 6-2-3　基孔制优先、常用配合（摘自 GB/T 1801—2009）

基准孔	轴																				
	a	b	c	d	e	f	g	h	js	k	m	n	p	r	s	t	u	v	x	y	z
	间隙配合								过渡配合				过盈配合								
H6						H6/f5	H6/g5	H6/h5	H6/js5	H6/k5	H6/m5	H6/n5	H6/p5	H6/r5	H6/s5 ▼	H6/t5					
H7						H7/f6	H7/g6 ▼	H7/h6 ▼	H7/js6	H7/k6 ▼	H7/m6	H7/n6 ▼	H7/p6 ▼	H7/r6	H7/s6 ▼	H7/t6	H7/u6 ▼	H7/v6	H7/x6	H7/y6	H7/z6
H8					H8/e7	H8/f7 ▼	H8/g7	H8/h7 ▼	H8/js7	H8/k7	H8/m7	H8/n7	H8/p7	H8/r7	H8/s7	H8/t7	H8/u7				
				H8/d8	H8/e8	H8/f8		H8/h8													
H9			H9/c9	H9/d9 ▼	H9/e9	H9/f9		H9/h9 ▼													
H10			H10/c10	H10/d10				H10/h10													
H11	H11/a11	H11/b11	H11/c11 ▼	H11/d11				H11/h11 ▼													
H12		H12/b12						H12/h12													

注：标注 "▼" 的配合为优先配合。

表 6-2-4　基轴制优先、常用配合（摘自 GB/T 1801—2009）

基准轴	孔																				
	A	B	C	D	E	F	G	H	JS	K	M	N	P	R	S	T	U	V	X	Y	Z
	间隙配合								过渡配合				过盈配合								
h5						F6/h5	G6/h5	H6/h5	JS6/h5	K6/h5	M6/h5	N6/h5	P6/h5	R6/h5	S6/h5	T6/h5					
h6						F7/h6	G7/h6 ▼	H7/h6 ▼	JS7/h6	K7/h6	M7/h6	N7/h6 ▼	P7/h6 ▼	R7/h6	S7/h6 ▼	T7/h6	U7/h6 ▼				
h7					E8/h7	F8/h7 ▼		H8/h7 ▼	JS8/h7	K8/h7	M8/h7	N8/h7									
h8				D8/h8	E8/h8	F8/h8		H8/h8													
h9				D9/h9 ▼	E9/h9	F9/h9		H9/h9 ▼													
h10				D10/h10				H10/h10													
h11	A11/h11	B11/h11	C11/h11 ▼	D11/h11				H11/h11 ▼													
h12		B12/h12						H12/h12													

注：标注 "▼" 的配合为优先配合。

6.2.2.4　公差与配合的标注

（1）极限偏差数值的写法

标注极限偏差数值时，偏差数值的数字比基本尺寸数字小一号，下极限偏差与基本尺寸注在同一底线，且上、下极限偏差的小数点必须对齐。同时还应注意以下几点。

① 上、下极限偏差符号相反、绝对值相同时，在基本尺寸右边注"±"号，且只写出一个偏差数值，其字体大小与基本尺寸相同，如图 6-2-17(a) 所示。

② 当某一极限偏差（上极限偏差或下极限偏差）为"0"时，必须标注"0"。数字"0"应与另一偏差的个位数对齐注出，如图 6-2-17(b) 所示。

③ 上、下极限偏差中的某一项末端数字为"0"时，为了使上、下极限偏差的位数相同，用"0"补齐，如图 6-2-17(c) 所示。

④ 当上、下极限偏差中小数点后末端数字均为"0"时，上、下极限偏差中小数点后末位的"0"一般不需注出，如图 6-2-17(d) 所示。

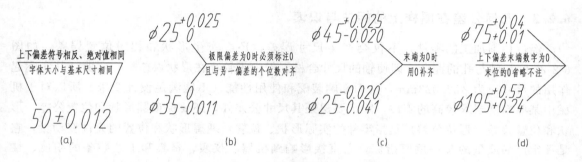

图 6-2-17 极限偏差数值的写法

（2）零件图中的尺寸公差标注

零件图中，尺寸公差的标注有三种形式，如图 6-2-18 所示。

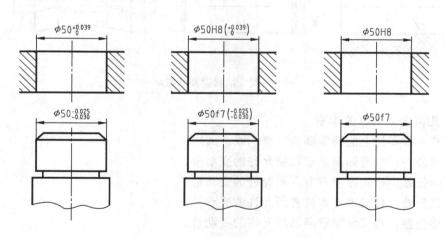

图 6-2-18 零件图中的尺寸公差标注

（3）装配图中孔轴配合的尺寸公差标注

装配图中，在孔轴零件有配合要求的地方必须标出配合代号。配合代号由两个相互配合的孔、轴公差带代号组成，用分数形式表示，分子为孔的公差带代号，分母为轴的公差带代号，如图 6-2-19 所示。

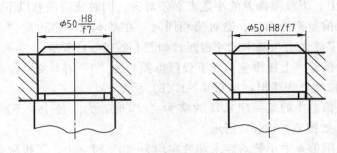

图 6-2-19　孔轴配合的尺寸公差标注

6.2.3　几何公差在图样上的标注与识读

　　经过切削加工的零件，不仅会产生尺寸误差，还会产生形状和相对位置误差，如图 6-2-20 所示轴与孔的配合，即使轴的尺寸合格，但由于轴存在形状误差——弯曲，其实际起作用的尺寸应为 $\phi22.023$mm，从而影响装配和使用性能，不能满足设计要求。所以对于机械中某些精度要求较高的零件，除了要保证其尺寸公差外，还要保证其形状和位置公差。形状和位置公差（形位公差）是指零件的实际形状、位置对理想形状和位置的允许变动量，它是评定产品质量的又一重要指标，它直接影响到机器、仪表、量具和工艺装备的精度、性能、强度和使用寿命。

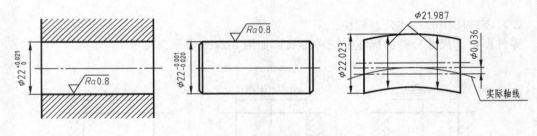

图 6-2-20　形状误差的影响

6.2.3.1　几何公差的有关术语

　　① 要素：指零件上的特定部位（点、线、面）。

　　② 形状公差：指实际要素形状所允许的变动量。

　　③ 方向公差：指实际要素方向所允许的变动量。

　　④ 位置公差：指实际要素位置所允许的变动量。

　　⑤ 跳动公差：指实际要素跳动所允许的变动量。

　　⑥ 被测要素：给出了几何公差的要素。

　　⑦ 基准要素：用来确定被测要素方向、位置的要素。

6.2.3.2　几何公差的几何特征符号

　　国家标准将形状公差分为六个几何特征，方向公差分为五个几何特征，位置公差分为六个几何特征，跳动公差分为两个几何特征。其中，形状特征无基准要求，每个几何特征都有规定的专用符号表示。几何公差的各个几何特征符号见表 6-2-5。

表 6-2-5　几何特征符号（摘自 GB/T 1182—2008）

公差	几何特征	符号	有无标准	公差	几何特征	符号	有无标准	公差	几何特征	符号	有无标准
形状公差	直线度		无	位置公差	位置度		有或无	方向公差	平行度		有
	平面度		无		同心度（用于中心圆）		有		垂直度		有
	圆度		无		对称度		有		倾斜度		有
	圆柱度		无		线轮廓度		有		线轮廓度		有
	线轮廓度		无		面轮廓度		有		面轮廓度		有
	面轮廓度		无		同轴度（用于轴线）		有	跳动公差	圆跳动		有
									全跳动		有

6.2.3.3　几何公差的标注

（1）公差框格

公差框格用细实线画出，可画成水平的或垂直的，框格高度是图样中尺寸数字高度 h 的两倍，它的第一格长度等于框格高度，其余与标注内容的长度相适应。框格中的数字、字母、符号与图样中的数字等高。用带箭头的指引线将被测要素与公差框格一端相连，如图 6-2-21 所示。

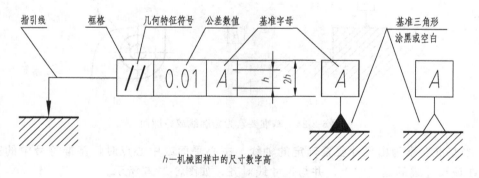

h—机械图样中的尺寸数字高

图 6-2-21　几何特征符号及基准三角形

（2）被测要素的标注

用带箭头的指引线将框格与被测要素相连，按以下方式相连：

① 当公差涉及轮廓线或表面时，将箭头置于要素的轮廓线或轮廓线的延长线上（必须与尺寸线明显地分开），如图 6-2-22(a) 所示。

② 当指向实际表面时，箭头可置于带点的参考线上，该点指在实际表面上，如图 6-2-22(b) 所示。

③ 当被要素为轴线或中心平面时，箭头应位于尺寸线的延长线上，如图 6-2-23 所示，若公差值前面加注"ϕ"，则表示给定的公差带为圆形或圆柱形。

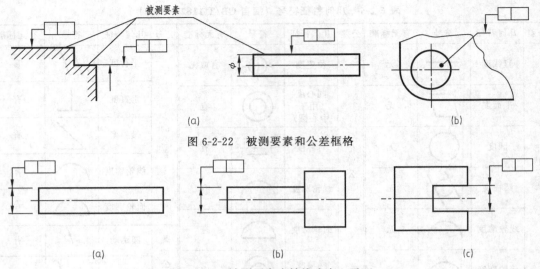

图 6-2-22　被测要素和公差框格

图 6-2-23　被测要素为轴线或中心平面

（3）基准要素的标注

基准要素用字母表示，字母标注在基准方格内，无论基准符号在图中的方向如何，方格内的字母一律水平书写，且基准方格不得倾斜放置。

① 当基准要素为轮廓线或轮廓面时，基准符号应靠近该要素的轮廓线或引出线标注，并应明显地与尺寸线箭头错开，如图 6-2-24（a）。在某些情况下，为了节省视图，基准符号中的三角形也可以放置在由基准轮廓面引出线的水平线上，如图 6-2-24（b）所示。

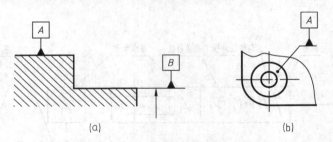

图 6-2-24　基准要素为轮廓线或轮廓面

② 当基准要素为由尺寸要素确定的轴线、中心平面或中心点时，基准符号中的三角形应放置在该尺寸线的延长线上，并与尺寸线对齐，如图 6-2-25 所示。

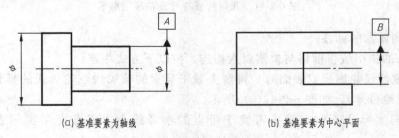

图 6-2-25　基准要素为轴线或中心平面

③ 当用单一要素做基准时，在几何公差框格中用一个大写字母表示，如图 6-2-26（a）所示；当用两个要素建立公共基准时，在几何公差框格中用两个大写字母中间加连字符表

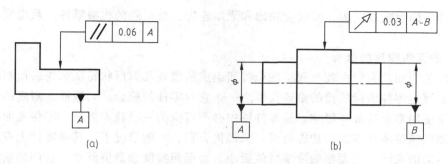

图 6-2-26　基准在几何公差框格中的标注

示，如图 6-2-26（b）所示。

6.2.3.4　几何公差标注实例

图 6-2-27 是标注几何公差的图例。当被测要素是表面或素线时，从框格引出的指引线箭头，应指在该要素的轮廓线或其延长线上；当被测要素是轴线时，应将箭头与该要素的尺寸线对齐（如 M8×1 轴线的同轴度注法）；当基准要素是轴线时，应将基准三角形与该要素的尺寸线对齐（如基准 A）。

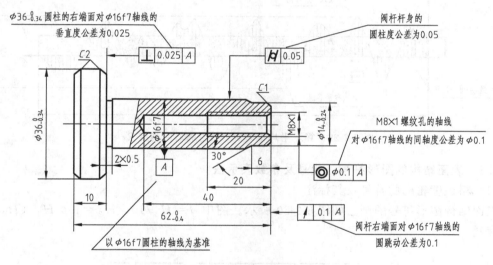

图 6-2-27　几何公差的标注

6.2.4　零件表面结构的标注与识读

零件在机械加工过程中，由于机床、刀具的振动以及材料在切削时产生的塑性变形、刀痕等原因，经放大后可见零件加工表面存在着微小间距的轮廓峰谷。如图 6-2-28 所示是零件表面在放大镜下呈现的景象。

零件表面结构是表面粗糙度、表面波纹度、表面缺陷、表面纹理、表面积和形状的总称。表面结构的各项要求和图样上的表示方法，在 GB/T 131—2006 中有具体规定。零件表面经过加工处理后得到的轮廓

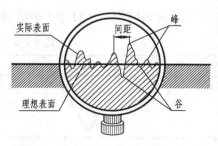

图 6-2-28　表面结构

可分为三种，即粗糙度轮廓、波纹度轮廓和原始轮廓。对一般的机械零件，粗糙度轮廓是常见的。

6.2.4.1　表面粗糙度的概念

零件加工表面具有的由较小间距的峰谷所组成的微观几何形状特征称为表面粗糙度。表面粗糙度是评定零件表面质量的重要指标之一，它对零件的配合、耐磨性、耐腐蚀性、密封性、外观及使用寿命等都有影响，是零件图中必不可少的一项技术要求。零件表面粗糙度的选用，应该既满足零件表面的功能要求，又经济合理。一般情况下，凡是零件上有配合要求或有相对运动的表面，表面粗糙度参数值要小。表面粗糙度参数值越小，表面质量越高，加工成本也越高。因此，在满足使用要求的前提下，应尽量选用较大的参数值，以降低成本。

6.2.4.2　表面粗糙度的评定参数

表面粗糙度的评定参数一般常用的是轮廓算术平均偏差 Ra，也可以用轮廓最大高度 Rz 来评定。生产中常采用 Ra 作为评定零件表面质量的主要参数。在取样长度内，被测轮廓偏距（测量方向上轮廓线上的点与基准线之间的距离）绝对值的算数平均值称为轮廓算数平均偏差 Ra，如图 6-2-29 所示。

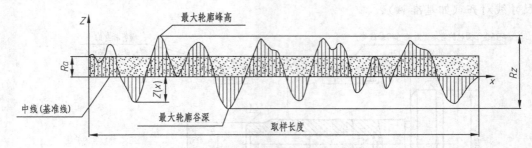

图 6-2-29　算术平均偏差 Ra 和轮廓最大高度 Rz

6.2.4.3　表面结构的图形符号、代号及参数表示法

（1）粗糙度轮廓的符号及其标注

表面结构图形符号的画法如图 6-2-30 所示。图中 $d = H_1/10$，$H_2 = 1.4 H_1$（H_1 为字体高度）。

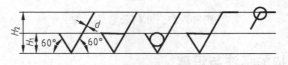

图 6-2-30　表面粗糙度的图形符号

（2）表面结构图形符号的种类和含义（表 6-2-6）

表 6-2-6　表面结构图形符号的种类和含义

符号	含义
∇	扩展图形符号，表示用去除材料的方法获得的表面；仅当其含义是"被加工表面"时可单独使用

符号	含义
	扩展图形符号，表示用不去除材料的方法获得表面，也可用于表示保持原供应状况的表面或保持上道工序形成的表面
（允许任何工艺）　（去除材料）　（不去除材料）	完整图形符号，在以上各种图形符号的长边加一横线，以便注写对表面结构的各种要求

（3）Ra/Rz 的数值

Ra 与 Rz 的数值可在表 6-2-7、表 6-2-8 中选取。

表 6-2-7　轮廓算术平均偏差的数值（Ra）　　　　　　　　　　　　　　μm

Ra	0.012 0.025 0.05 0.1	0.2 0.4 0.8 1.6	3.2 6.3 12.5 25	50 100

表 6-2-8　轮廓最大高度的数值（Rz）　　　　　　　　　　　　　　　　μm

Rz	0.025 0.05 0.1 0.2	0.4 0.8 1.6 3.2	6.3 12.5 25 50	100 200 408 800

（4）表面粗糙度在图样上的标注方法

在图样中，零件表面结构用代号标注。符号中注写了具体参数代号及数值等要求，即称为表面结构代号。

① 表面结构要求对每一表面一般只注一次，并尽可能注在相应的尺寸及其公差的同一视图上，除非另有说明，所标注的表面结构要求是对完工零件表面的要求。

② 表面结构的注写和读取方向与尺寸的注写和读取方向一致，如图 6-2-31 所示。

③ 表面结构要求可标注在轮廓线上，其符号应从材料外指向并接触表面，如图 6-2-31 和图 6-2-32 所示。必要时，表面结构也可用带箭头或黑点的指引线引出标注，如图 6-2-33 所示。

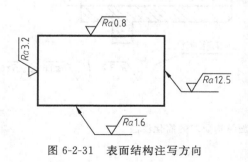

图 6-2-31　表面结构注写方向

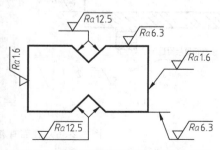

图 6-2-32　表面结构要求轮廓线上标注

④ 在不致引起误解时，表面结构要求可以标注在给定的尺寸线上，如图 6-2-34 所示。

⑤ 圆柱表面的表面结构要求只标注一次，如图 6-2-35 所示。

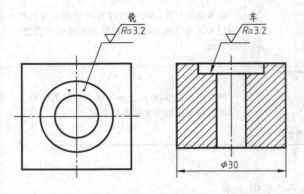
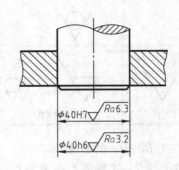

图 6-2-33　用引线引出标注表面结构要求　　　图 6-2-34　表面结构标注在尺寸线上

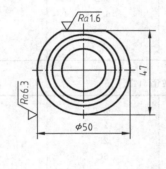
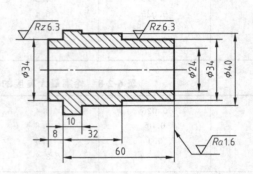

图 6-2-35　圆柱上表面结构要求的标注

⑥ 表面结构要求可以直接标注在延长线上，或用带箭头的指引线引出标注，如图 6-2-35 和图 6-2-36 所示。

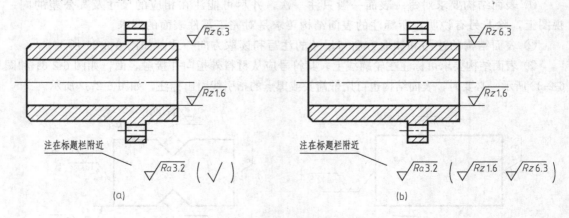

图 6-2-36　表面有相同表面结构要求的简化注法

⑦ 有相同表面粗糙度要求的简化注法：如果在工件的多数（包括全部）表面有相同的表面粗糙度要求时，则其表面粗糙度要求可统一标注在图样的标题栏附近（不同的表面粗糙度要求应直接标注在图形中）。可在圆括号内给出不同的表面结构要求，如图 6-2-36（a）所示；也可将不同的表面结构要求直接标注在图形中，如图 6-2-36（b）所示。

⑧ 在图形或标题栏附近，对有相同表面粗糙度要求的表面用带字母的完整符号简化标注，如图 6-2-37 所示。在图形或标题栏附近对有相同表面粗糙度要求的表面用表面粗糙度基本符号或扩展符号的简化注法。

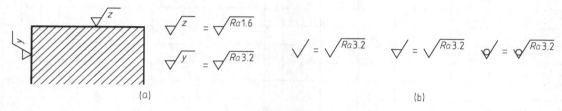

图 6-2-37　表面结构的简化注法

⑨ 同时有尺寸公差和几何公差标注时，表面粗糙度要求可标注在几何公差框格的上方，如图 6-2-38（a）所示。在不致引起误解时，表面粗糙度要求可以标注在特征尺寸的尺寸线上，如图 6-2-38（b）所示。

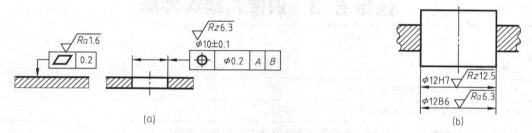

图 6-2-38　表面结构有尺寸公差和几何公差的注法

6.2.5　零件其他技术要求

零件图中除要求尺寸公差、表面结构和几何公差外还有其他的技术要求，如材料的热处理、表面处理及硬度指标等。

（1）热处理

金属的热处理是指将工件加热、保温和冷却的工艺过程，以改变金属的组织结构，从而改善其机械性能及加工性能，如提高硬度、增加塑性等。常用的热处理工艺方法有退火、正火、淬火、回火等。

（2）表面处理

表面处理是指在金属表面涂覆保护层的工艺方法。它具有改善材料表面机械物理性能、防止腐蚀、增加美观等作用。常用的表面处理工艺方法有表面淬火、渗碳、发蓝、发黑、镀铬、涂漆等。

（3）硬度

硬度是零件非常重要的一个机械性能指标，经常在零件图的技术要求中出现。常用的硬度指标有布氏硬度（HBS）、洛氏硬度（HRC）和维氏硬度（HV）。

任务 6.3　识读托架零件图

• 识读零件图要从哪些方面入手？

• 怎样用形体分析法识读零件图？

• 叉架类零件的结构特点如何？选择什么表达方法表达这些结构？

【任务导入】

识读图 6-1-5 所示的托架零件图。主要识读托架零件图上的结构形状，视图表达的特点，标注尺寸的基准选择、尺寸标注以及尺寸公差、几何公差、表面粗糙度等内容。

【知识链接】

设计和制造的过程，都涉及读零件图的问题。因此工程技术人员，必须具备识读零件图的能力。识读零件图的目的是根据已给定的零件图想象出零件各组成部分的结构形状和相对位置，弄清零件各部分尺寸、技术要求等内容。从而在头脑中建立起一个完整、具体的零件形象，并对其复杂程度、要求较高的各项技术指标和制作方法做到心中有数，以便设计加工工艺规程。

6.3.1　识读零件图的方法和步骤

6.3.1.1　概括和了解

首先看标题栏了解零件的名称、材料、比例、设计和生产单位等内容。并浏览全图，对所看的零件建立一个初步认识，例如属于哪一类零件、零件的外观轮廓大小、用什么材料制造、零件的大概用途等。必要时还需要结合一些相关技术资料（如装配图、产品说明书等），掌握零件的作用及构形特点，弄清楚该零件的使用情况。

6.3.1.2 视图分析

根据零件图中的视图布局，确定出主视图，然后围绕主视图，分析其他视图的配置情况及表达方法，特别是要弄清各个图形的表达重点，如向视图、局部视图、斜视图、局部放大图是零件的哪部分结构；剖视图、断面图具体的剖切方法、剖切位置、剖切目的及彼此间的投影对应关系等。

6.3.1.3 形体分析

根据零件的功用，结合视图特征，利用组合体的看图方法，对零件进行形体分析，将零件按功能分解为几个较大部分，如工作部分、连接部分、安装部分、加强和支承部分等。

形体分析的一般顺序：首先从基本视图开始，从外到内地分析，看懂大体结构；其次结合其他视图，看懂局部形状；最后，结合加工方面的要求，综合考虑，确定零件的整体结构形状。这也是识读零件图的重点。

在此基础上，仔细分析每一结构的局部细小结构和形状。要注意机件表达方法中的规定画法、简化画法以及一些具有特征内涵的尺寸（如 ϕ、R、M、$S\phi$、SR 等），最后想象出零件的完整形状。构形及形体分析时，可按下列顺序进行：

① 先看大致轮廓，再分几个较大的部分进行分析，逐个看懂。

② 对外部结构进行分析，逐个看懂。

③ 对内部结构进行分析，逐个看懂。

④ 对于零件的个别部分，在进行形体分析时还要结合线面分析同时进行，搞清投影关系，最后分析细节。

6.3.1.4 尺寸与技术要求分析

首先根据尺寸标注原则，分析长、宽、高各方向的尺寸标注基准，弄清哪些是主要基准和主要尺寸；然后从基准出发，以结构分析为线索，找出各结构形体的定形尺寸和定位尺寸，并检查尺寸标注是否符合设计要求，是否满足工艺简单、经济的要求，是否符合有关注法等；最后从图中的表面粗糙度、公差与配合及几何公差的标注，明确主要加工面及重要尺寸、零件在形状和位置方面的精度要求、表面质量要求，以便制定合理的加工方法。

6.3.1.5 综合归纳

综合上面的分析，在对零件的结构形状特点、功能作用等有了全面了解之后，才能对设计意图有较深入的理解，对零件的作用、加工工艺和制造要求有较明确的认识，从而达到读懂零件图的目的。应当注意，在读图过程中，上述各步骤常常是交替进行的。

在读懂零件图的基础上，还可以对零件的结构设计、视图表达方案、图样画法等内容进行进一步的分析，看是否有表达不正确或可以改进的地方，并提出修改的方案。

6.3.2 叉架类零件分析

6.3.2.1 结构特点

叉架类零件一般包括拨叉、连杆、支座等，多为铸件或锻件。此类零件常用倾斜或弯曲的结构连接零件的工作部分与安装部分，连接部分多为肋板结构，且形状歪曲、扭斜的较多。支撑部分和工作部分，细小结构也较多，如圆孔、螺孔、油槽、油孔、凸台、凹坑等常见结构。图 6-1-5 所示托架就属于叉架类零件。

6.3.2.2　表达方法

叉架类零件结构形状比较复杂，加工位置多变，有的零件工作位置也不固定，所以这类零件的主视图一般按工作位置原则和形状特征原则确定。对其他视图的选择，常常需要两个或两个以上的基本视图，并且还要用适当的局部视图、断面图等表达方法来表达零件的局部结构。

6.3.2.3　尺寸分析

叉架类零件常常以主要轴心线、对称平面、安装平面或较大的端面作为长、宽、高三个方向的尺寸基准。

6.3.2.4　技术要求

叉架类零件应根据具体使用要求确定各加工表面的表面粗糙度、尺寸精度以及各组成部分形体的形状公差和位置公差。

6.3.3　识读叉架类零件图举例

6.3.3.1　概括了解

由图 6-1-5 托架零件图标题栏可知，该零件属于叉架类零件，零件的名称为托架，材料是 ZG 270-500 铸钢，绘图比例为 1∶2 等。

6.3.3.2　分析视图

该零件用了两个基本视图，一个移出断面图和一个 B 向局部视图表达其结构和形状。

6.3.3.3　构形及形体分析

主视图主要表达了托架的基本组成和相对位置关系。零件的右下部是一个圆筒，外径为 $\phi55$，内径为 $\phi35H9$，高 60；左上方是长 114、宽 50 的平板，其上方有两个凸台。结合移出断面图，可以看出圆筒和平板之间用槽钢结构相连。主视图上两个局部部分分别表达了板的形状、结构和圆筒上凸台以及两个螺孔的位置等。俯视图主要表达托架的外形，零件结构如图 6-3-1 所示。

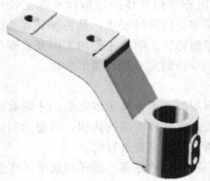

图 6-3-1　托架

6.3.3.4　分析尺寸及技术要求

长度方向的尺寸基准为 $\phi35H9$ 的中心线，它是尺寸 $\phi55$、$\phi35H9$、175、30 和 90 的标注起点；高度方向的尺寸基准是平板上平面，它是尺寸 10、120 的标注起点，圆筒的底面是高度方向的辅助基准；宽度方向的基准是托架前后方向的对称平面，它是尺寸 50、R6 的标注起点。

从图 6-1-5 托架零件图的标注中可看出，尺寸精度要求高的是 $\phi35H9$ 的孔。基本偏差代号 H，采用基孔制，公差等级为 9，其余尺寸都未标注公差。垂直度公差被测要素是 $\phi35H9$ 的轴线，基准要求是平板的上平面，公差值是 $\phi0.05mm$。表面粗糙度要求分别是 Ra 值为 6.3、12.5，可以看出托架的表面粗糙度要求不高，其他为不加工表面，保持铸造原状。

记一记

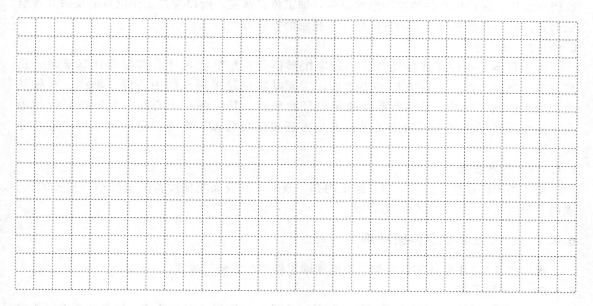

任务 6.4 识读缸体零件图

引导问题

• 箱体类零件有什么结构特点？如何选择表达方法？

• 如何确定箱体尺寸基准？

【任务导入】

识读图 6-1-6 所示的缸体的零件图。主要识读缸体零件图上的结构形状，视图表达的特点，标注尺寸的基准选择，尺寸标注以及尺寸公差、几何公差、表面粗糙度等内容。

【知识链接】

6.4.1 箱体类零件分析

6.4.1.1 结构特点

箱体类零件包括各种泵体、阀体、减速器、缸体、支座等，这类零件主要用来支撑和包容其他零件，其结构和形状比较复杂，常有较大的密封面、接触面、螺孔、销孔等与箱盖或其他零件部分接触、定位。其毛坯一般为铸件或焊接件，然后根据不同的结构进行各种机械加工，加工位置也变化较多。

6.4.1.2 表达方法

箱体类零件一般需要三个以上的基本视图和向视图，并常取剖视。当零件内、外结构都较复杂时，若其投影不重叠，则常采用局部剖视图；若其投影重叠，对于外部、内部的结构形状，就应采用视图和剖视图分别表达；对于细小结构，可采用局部视图、局部剖视图和断面图来表达。因箱体零件的结构形状复杂，加工位置多变，所以应选工作位置能反映其各组成部分形状特征和相对位置的方向作为主视图的投影方向。

6.4.1.3 尺寸分析

由于箱体类零件形体较复杂，一般应按形体分析法标注尺寸。选择设计基准时，长度方向、宽度方向、高度方向都要考虑，主要基准也是采用孔的中心线、轴线、对称平面和较大的加工表面。箱体类零件的定位尺寸较多，其中各孔中心线（或轴线）间的距离一定要直接标注出来，精度要求高的地方还要给出公差。此外，定形尺寸仍按形体分析法标注。

6.4.1.4 技术要求

箱体类零件在技术要求方面：重要的孔、表面，其表面粗糙度参数值较小；重要的孔、表面一般有尺寸公差和几何公差要求。

6.4.2 识读箱体类零件图举例

现以图 6-1-6 中缸体零件为例，说明阅读零件图的方法与过程。

6.4.2.1 概括了解

从标题栏中可知，该零件的名称为缸体，在液压缸中用来安装活塞、缸盖和活塞杆等零件，并对这些零件起到支承、保护和密封作用。缸体选用的材料牌号是 HT200，为灰铸铁。整个缸体先铸造成型，然后部分面需进行切削加工。

画图比例是 1∶2，即采用缩小的比例，实物比图形大 2 倍。

6.4.2.2 分析视图

缸体采用了三个基本视图来表达，主视图采用全剖视图，表达缸体内腔结构形状，$\phi 40$ 的凹腔是空刀部分，$\phi 8$ 的圆柱凸台起到限定活塞工作位置的作用，上部左右有两个连接油管的螺孔。俯视图表达了底板形状，四个沉头孔、两个圆锥销孔的分布情况以及两个 U 形凸台的形状。左视图采用 A—A 的半剖视图，剖视部分进一步表达了圆柱形缸体与底板连接情况；视图部分反映缸体外形和与缸盖连接的螺孔分布位置，并用局部剖视图表达底板上柱形沉孔的大小和深度。

6.4.2.3 构形及形体分析

在液压缸中，为保证密封可靠、方便，活塞及活塞杆一般为圆柱形，因此容纳它们的缸体内腔也要设计为圆孔，与其协调的缸体外形应为圆筒；为了内腔质量一致、内磨头便于退刀，在活塞工作行程末端设一稍大的凹腔，并增加一圆柱凸台，限定活塞工作位置；缸体底部为带有凹槽的矩形安装板，其上有柱形沉孔，并且为安装时与其他件定位可靠，设有用于定位的锥孔；圆筒与安装板通过支承连接；为保证上部左右螺孔的加工方便，与管路连接操作可靠，增加了两个 U 形凸台，便于加工制造。缸体立体如图6-4-1 所示。

6.4.2.4 分析尺寸及技术要求

缸体应有长、宽、高三个方向的尺寸基准，如图 6-1-6 所示。缸体长度方向的尺寸基准是左端面，从基准出发标注定位尺寸 80、15，定形尺寸 95、30 等，并以辅助基准标注缸体底板上的定位尺寸 30、40、65，定形尺寸 60、R10。宽度方向尺寸基准是缸体前后对称面的中心线，注出底板上的定位尺寸 72 和定形尺寸 92、50 等。高度方向的尺寸基准是缸体底

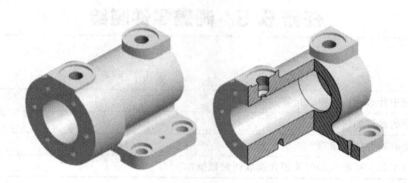

图 6-4-1　液压缸缸体

面，注出定位尺寸 40，定形尺寸 5、12、75。以轴线为辅助基准，注出径向尺寸 $\phi55$、$\phi52$、$\phi40$ 等。

缸体的表面粗糙度要求最高的是与活塞有相对运动的 $\phi35$ 内圆柱面，以及用于定位的锥孔面，它们的表面粗糙度 Ra 值均为 $0.8\mu m$；安装缸盖的左端面，为起密封作用平面，表面粗糙度值 Ra 为 $1.6\mu m$；还有多数加工面的 Ra 值为 $3.2\mu m$、$6.3\mu m$ 等；没有标注表面粗糙度的表面均为不加工的铸造表面，这些表面的质量要求不高，由图中标题栏附近给出的符号统一确定，均为不去除材料获得的表面粗糙度，且 Ra 为 $25\mu m$。

图中有两处几何公差要求，即 $\phi35$ 的轴线对 B 基准的平行度公差不大于 $0.06mm$；$\phi35$ 的轴线对 C 基准的垂直度公差不大于 $0.025mm$。

用文字说明的技术要求有四条，因为缸体在工作时内腔充满了压力油，所以不得有砂眼、缩孔、裂纹等质量缺陷，同时加工完后还要进行 5 分钟的 7MPa 油压实验；所有未在图形中注明的铸造圆角半径 R 均为 $2\sim4mm$。

记一记

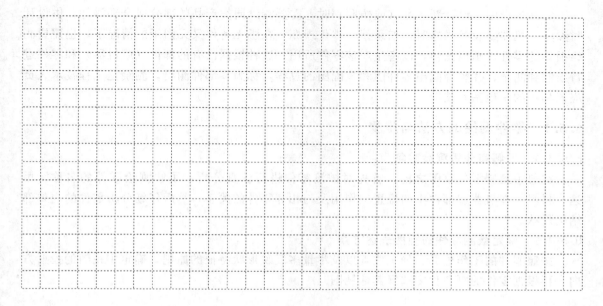

任务 6.5　阀盖零件测绘

引导问题

• 生产过程中什么时候需要进行零件测绘?

• 零件测绘的步骤如何?

• 零件测绘有哪些注意事项?

• 常用测量工具有哪些? 如何使用和读取测量数据?

【任务导入】

通过测绘图 6-5-1 所示阀盖,完成其草图和零件图。

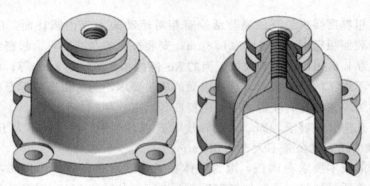

图 6-5-1　阀盖轴测图

【知识链接】

实际生产中,设计新产品(或仿照)时,需要测绘同类产品的部分或全部零件,供设计时参考;机器或设备维修时,如果某一零件损坏,在既无备件又无图纸的情况下,也需要测绘损坏的零件,画出图样,以备生产该零件所用。这种根据已有的部件(或机器)和零件进行绘制和测量,并整理画出零件图和装配图的过程,称为零部件测绘,测绘是工程技术人员应该具备的一项基本技能。

6.5.1　零件测绘的方法与步骤

6.5.1.1　了解和分析测绘对象

在着手绘制零件草图之前,首先对被测零件进行认真分析,了解测绘零件的名称、用途、材料,在机器或部件中的位置、作用及与相邻零件的关系,然后仔细分析零件的内外部结构形状。

6.5.1.2　确定被测零件的视图表达方案

按照零件的工作位置、加工位置以及尽量多反映形状特征的原则,确定主视图的投射方向,再根据零件的复杂程度选择其他视图。

6.5.1.3 画零件草图（徒手绘图）

① 在图纸上定出各视图位置，画出各视图的基准线、中心线。布置视图时，各视图之间应留出足够的空间以便于标注尺寸等。

② 目测比例，用细实线画出表达零件内外结构形状的视图、剖视和断面等。画图时，注意各几何形体的投影在基本视图上应尽量同时绘制，以保证正确的投影关系。另外，不要把零件毛坯或机加工中的缺陷和使用过程中的磨损及破坏反映在图样中。

③ 选择合理的尺寸基准，画出所有要标注的尺寸界线、尺寸线和箭头，并加注有关符号（如"ϕ""R"等），同时画出剖面线，如图6-5-2（a）所示。

④ 仔细检查，按规定线型徒手将图线加深，然后量取和标注尺寸数值，标注各表面粗糙度代号，注写其他技术要求，填写标题栏，完成草图，如图6-5-2（b）所示。

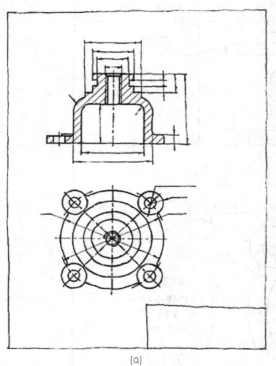

(a)

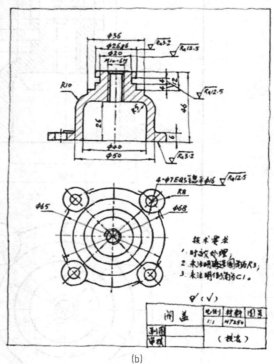

(b)

图 6-5-2　阀盖的零件草图

6.5.1.4 审核草图，根据草图画零件图

零件草图一般是在现场绘制的，受时间和条件限制，有些问题只要表达清楚就可以了，不一定是完善的。因此，画零件图前需对草图的视图表达方案、尺寸标注、技术要求等进行审核，经过补充、修改后才可根据草图绘制零件图。

（1）对零件草图进行审查校核

检查零件表达方法是否恰当，视图布置是否合理；确定尺寸标注是否正确、完整、清晰、合理；分析技术要求的确定是否既满足零件的性能和使用要求，又经济合理。校核后进行必要的修改和补充。

（2）绘制零件图的步骤和方法

① 选择比例，确定图幅。根据零件的复杂程度选择比例，尽量采用1∶1。考虑标注尺

寸和技术要求的位置，选择标准图幅。

② 画出图框和标题栏。画出各视图的中心线、轴线、基准线。把各视图的位置确定下来，各图之间要注意留有标注尺寸的余地。

③ 由主视图开始，画各视图的轮廓线，画图时要注意各视图间的投影关系。描粗并画剖面线，画出全部尺寸线。

④ 注出公差配合及表面粗糙度符号，注写尺寸数字，填写技术要求和标题栏，如图6-5-3所示。

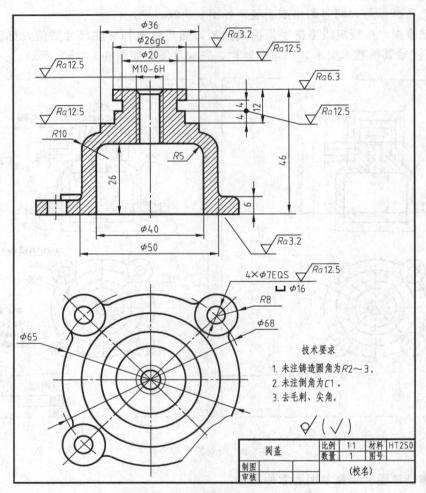

图 6-5-3　根据草图绘制的阀盖零件图

6.5.2　零件尺寸的测量

尺寸测量是零件测绘过程中一个很重要的环节。尺寸测量的准确与否，将直接影响机器的装配和工作性能。在测量过程中，零件上全部尺寸的测量应集中进行，这样可以避免错误或遗漏。测量零件尺寸常用的测量工具有直尺、内外卡钳、游标卡尺、螺纹规、量角器等。

6.5.2.1　线性尺寸的测量方法

线性尺寸对尺寸精度要求不同，应选用不同的测量工具。一般用钢直尺测一般轮廓（必要时也可以用三角板配合测量），如图6-5-4所示。

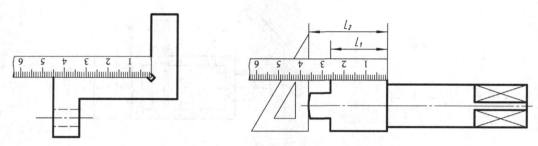

图 6-5-4　用钢直尺和三角板测量一般外轮廓

6.5.2.2　内、外直径的测量方法

外径用外卡钳测量，内径用内卡钳测量，再用金属直尺读出数值，如图 6-5-5(a) 所示。测量时应注意，外、内卡钳与回转面的接触点应是直径的两个端点。精度要求较高的尺寸可用游标卡尺测量，如图 6-5-5(b) 中的外径 D 和内径 d 的数值，可在游标卡尺上直接读出。

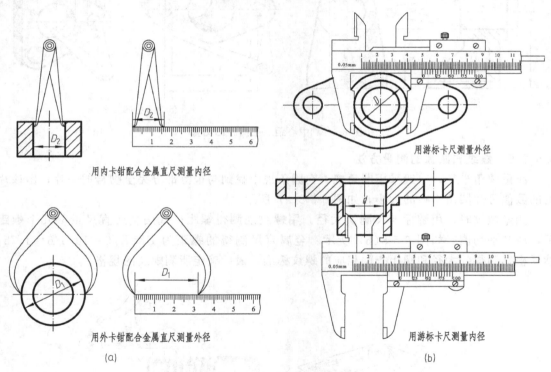

用内卡钳配合金属直尺测量内径

用游标卡尺测量外径

用外卡钳配合金属直尺测量外径

用游标卡尺测量内径

(a)　　　　　　　　　　　　　　　　　　(b)

图 6-5-5　测量内外直径尺寸

6.5.2.3　壁厚和深度的测量方法

壁厚可采用直尺、游标卡尺直接测量，如图 6-5-6(a) 所示。在无法直接测量壁厚时，也可以用直尺和卡钳配合分两次完成测量，经计算后得到尺寸数值，或用金属直尺测量两次。如图 6-5-6(b) 中的 $X=A-B$，$Y=C-D$。

6.5.2.4　中心距孔间距的测量方法

测量中心距时，一般可用内卡钳配合金属直尺测量，如图 6-5-7(a) 中孔的中心高 $H=A+d/2$；测量孔间距时，可用外、内卡钳配合金属直尺测量。当两孔的直径相等时，如图 6-5-7(b) 所示，其中心距 $L=K+d$；当两孔的孔径不等时，其中心距 $L=K-(D+d)/2$。

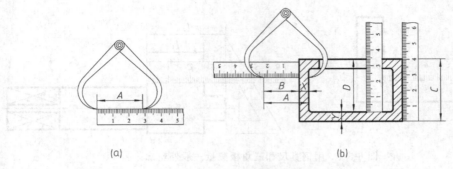

(a)　　　　　　　　　　　　　　　　(b)

图 6-5-6　壁厚测量

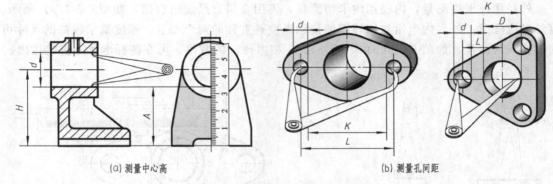

(a) 测量中心高　　　　　　　　　　　(b) 测量孔间距

图 6-5-7　中心距、孔间距的测量

6.5.2.5　螺纹和圆弧的测量方法

测量圆角半径，一般采用圆角规。在圆角规中找到与被测部分完全吻合的一片，由该片上的数值可知圆角半径的大小，如图 6-5-8(a) 所示。

测量螺纹时，用游标卡尺测量大径，用螺纹规测得螺距；或用金属直尺量取几个螺距后，取其平均值。如图 6-5-8(b) 所示，金属直尺测得的螺距为 $P=L/6=10.5/6=1.75$，然后根据测得的大径和螺距查阅相应的螺纹标准，最后确定所测螺纹的规格。

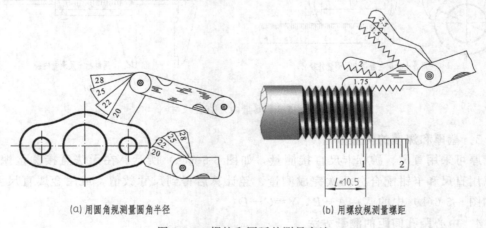

(a) 用圆角规测量圆角半径　　　　　　(b) 用螺纹规测量螺距

图 6-5-8　螺纹和圆弧的测量方法

6.5.2.6　齿轮模数的测量

对标准偶数齿齿轮，可以先用游标卡尺测得齿顶圆 d_a，如图 6-5-9(a) 所示。再应用公式

$m=d_a/(z+2)$ 计算得到轮齿的模数。对标准奇数齿齿轮，齿顶圆直径 d_a 可由公式 $d_a=2e+d$ 计算得到，其中 e 和 d 如图 6-5-9(b) 所示，然后应用模数计算公式，计算得到轮齿的模数。

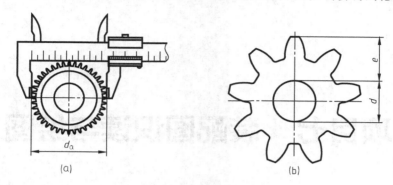

图 6-5-9　齿轮的测量

6.5.3　零件测绘应注意的几个问题

① 配合零件的尺寸，测量其中一个即可，如相互配合的轴和孔的直径，相互旋合的内外螺纹的大径等。

② 对于重要尺寸，如齿轮的中心距，应通过计算确定；有些测量尺寸应查表取标准数值；对于不重要的尺寸，如为小数应圆整为整数。

③ 零件上已标准化的结构尺寸，如倒角、圆角、键槽、螺纹、退刀槽等结构尺寸，可查阅相关标准确定；零件上与标准部件（如滚动轴承）配合的孔和轴的尺寸，可通过标准部件的型号查表确定。

④ 在标注表面粗糙度代号时，要按零件各表面的作用和加工情况标注。在注写公差代号时，根据零件设计要求和作用确定。

⑤ 以文字形式说明技术要求，一般注写在标题栏的上方。

记一记

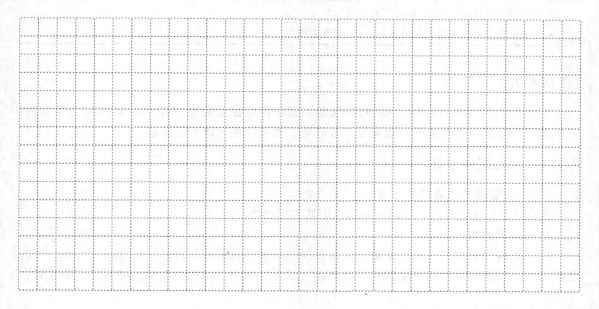

项目七　装配图识读与绘图

【项目导读】　装配图表达机器或部件中各组成零件之间的相互位置、工作原理、装配关系、传动路线，是装配、检验、使用维护的主要依据。在产品设计过程中，一般先画出装配图，再根据装配图绘制零件图。在产品制造过程中，先根据零件图进行零件加工和检验，再按照装配图所制定的装配工艺规程将零件装配成机器或部件；在产品使用、维修过程中，也经常要通过装配图来了解产品的工作原理及构造。因此，装配图是指导生产及进行技术交流的重要技术文件。

任务 7.1　识读齿轮油泵装配图

引导问题

- 什么是装配图？装配图包含哪些内容？

- 装配图的尺寸一般包含哪几类？是零件图尺寸的简单组合吗？

- 如何在装配图中标注有配合要求的尺寸？

- 装配图的特殊表达方法、规定方法有哪些？

- 从装配图中读取零件结构形状的要点、步骤有哪些？

【任务导入】

识读图 7-1-1 所示的齿轮油泵的装配图，想象齿轮油泵的全部结构，分析其工作原理，了解其零件组成，连接关系，装配要求及装配、检验、使用维护等要求。

7.1.1　装配图的表达

7.1.1.1　装配图的主要内容

由图 7-1-1 可以看出，装配图包括以下四方面内容。

（1）一组视图

用一组恰当的视图正确、完整、清晰和简洁地表达机器或部件的工作原理，各零件间的装配、连接关系和重要零件的结构形状等。可以采用视图、剖视、断面、局部放大图等表达

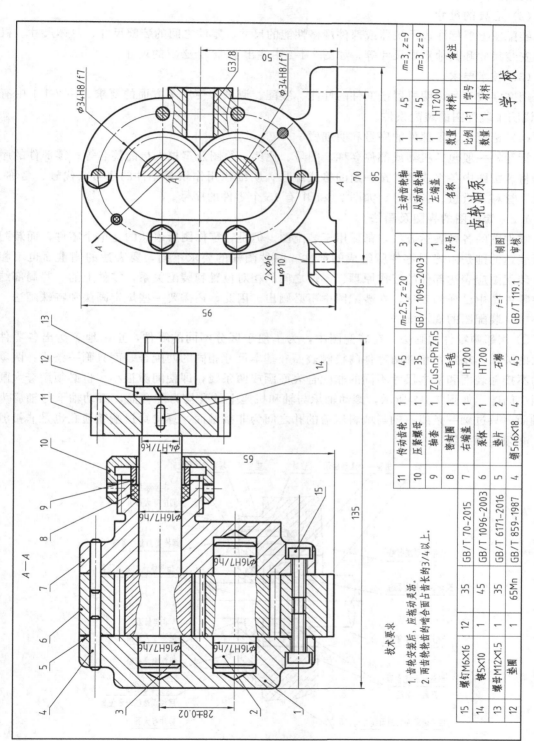

技术要求
1. 齿轮安装后，应转动灵活。
2. 两齿轮齿的啮合面占齿长的3/4以上。

15	螺钉M6×16	12	35	GB/T 70-2015			11	传动齿轮	1	45		$m=3, z=9$
14	键5×10	1	45	GB/T 1096-2003			10	压紧螺母	1	35		
13	螺母M12×1.5	1	35	GB/T 6171-2016			9	轴套	1	ZCuSn5PbZn5		
12	垫圈	1	65Mn	GB/T 859-1987			8	密封圈	1	毛毡		
							7	右端盖	1	HT200		
							6	泵体	1	HT200		
							5	垫片	2	石棉		$t=1$
							4	销5n6×18	4	45		GB/T 119.1
							3	主动齿轮轴	1	45		$m=3, z=9$
							2	从动齿轮轴	1	45		$m=3, z=9$
							1	左端盖	1	HT200		
							序号	名称	数量	材料	号号	备注

比例 1:1
数量 1

齿轮油泵

制图
审核

学　校

图 7-1-1　齿轮油泵装配图

方法来表达装配体。如图 7-1-1 齿轮油泵装配图中主视图采用了全剖，左视图采用了半剖和局剖的表达方法。

（2）必要的尺寸

装配图上要标注表示机器或部件规格性能的尺寸、零件之间的装配尺寸、总体尺寸、机器的安装尺寸和其他重要尺寸等，如图 7-1-1 中注出了 16 个必要的尺寸。

（3）技术要求

用文字或符号说明机器或部件的性能、装配、调试和使用等方面的要求。图 7-1-1 中有 8 处说明了装配图的装配条件。

（4）标题栏、零部件的序号和明细栏

标题栏一般包括机器或部件名称、图号、比例、绘图及审核人员的签名等；零部件的序号是将装配图中各组成零件按一定的格式编号；明细栏用作填写零件的序号、代号、名称、数量、材料、重量、备注等。如图 7-1-1 中有 15 个零件的序号。

7.1.1.2 装配图的视图及画法

零件图的各种表达方法，都适用于装配图。但是，零件图所表达的是单个零件，而装配图所表达的则是由若干零件所组成的部件。两种图样的要求不同，要表达的侧重面也不相同。装配图应表达部件的工作原理、零件之间的相对位置和装配关系，零件上的一些局部结构在零件图中已详细表达，在装配图中不必画出。因此，还需要一些规定画法和特殊画法。

（1）装配图的规定画法

① 相邻两零件的画法：在装配图中，为了便于区分不同的零件，正确地表达出各零件之间的关系，规定：相邻两零件的接触表面和基本尺寸相同的两配合表面只画一条线；两零件的不接触表面和基本尺寸不同的非配合表面画成两条线，即使间隙很小，也必须用夸大画法画出间隙。如图 7-1-2 所示，滚动轴承与轴和机座上的孔均为配合面，滚动轴承与轴肩为接触面，只过画一条线；轴与填料压盖的孔之间为非接触面，螺栓穿过端盖通孔也是非接触面，必须绘两条线。

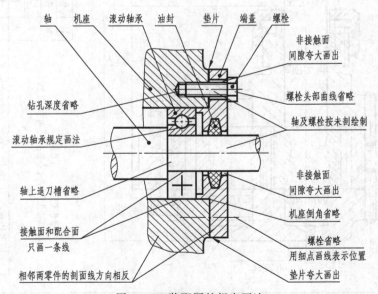

图 7-1-2　装配图的规定画法

② 在装配图中，同一个零件在所有的剖视、断面图中，其剖面线应保持同一方向且间隔一致；相邻两零件的剖面线则必须不同，即其方向相反，或方向相同但间隔不同。当装配图中零件的面厚度小于 2mm 时，允许将剖面涂黑以代替剖面线。如图 7-1-2 中，机座与端盖的剖面线倾斜方向相反，垫片剖面后涂黑代替。

③ 在剖视图中，对于标准组件（如螺纹紧固件、油杯、键、销等）和实心杆件（如实心轴、连杆、拉杆、手柄等），当纵向剖切且剖切平面通过其轴线时，按不剖绘制；当剖切平面垂直轴线或沿零件结合面剖切时，则应按剖开绘制，如图 7-1-2 中的螺栓和轴。

（2）装配图的特殊画法和简化画法

① 沿零件的结合面剖切和拆卸画法：当某些零件遮住了必须表达的结构时，可假想将有关零件拆卸后再绘制要表达的部分，这种画法称为拆卸画法，需要说明时可加注"拆去×
×等"，如图 7-1-3 中左视图和俯视图。

为了表达部件内部的结构，可假想沿某些零件的结合面剖切，零件的结合面不画剖面线，但被剖到的其他零件要画剖面线，如图 7-1-3 俯视图中被剖切的螺栓。

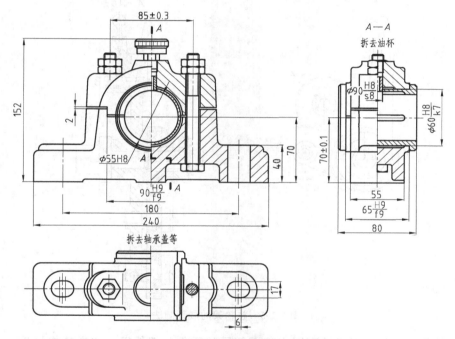

图 7-1-3　沿零件结合面剖切的画法

② 假想画法：装配图中，某些相邻的零部件与本部件有关，但又不属于本部件，可用细双点画线画出其外形图，如图 7-1-4 所示。

装配图中，为了表示某些零件的运动轨迹和极限位置，可在一个极限位置画出该零件，在另一个极限位置用细双点画线画出此零件的外形图，如图 1-1-7 中手柄的两个运动极限位置就是这样表示的。

③ 展开画法：在表达某些重叠的装配关系时，例如图 7-1-5 所示挂轮架装配图，当轮系的各轴线不在同一平面内，为了表示传动顺序和装配关系，可以假想将空间轴按传动顺序展开在一个平面上，沿各轴线顺序剖切，然后在一个平面上画出其剖视图，这种画法称为展开画法，展开符号标注在展开图上方的名称字母后面。

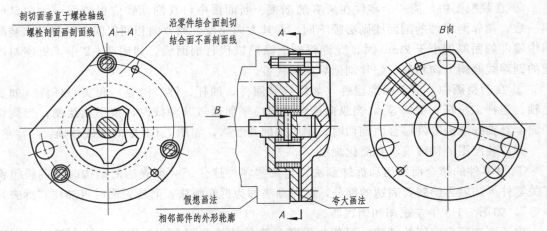

图 7-1-4　沿零件结合面剖切的画法和零件的单独表示法

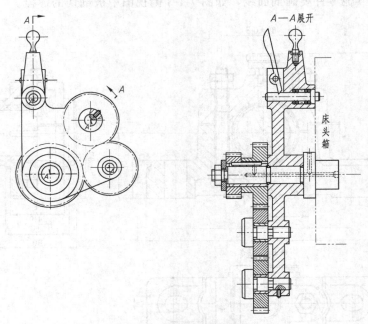

图 7-1-5　挂轮架的展开画法

④ 其他简化画法：对于装配图中若干相同的零件、部件组，如螺栓连接等，允许仅详细画出一组，其余用细点画线表示其中心位置即可，如图 7-1-2 中的螺栓。

在装配图中的油封、轴承等零件或组件，可按规定画法画出对称图形的一半，另一半允许采用简化画法，如图 7-1-2 中的轴承的画法。

在装配图中，零件的工艺结构，如倒角、圆角、凹坑、凸台、沟槽等可省略不画，如图 7-1-2 所示。

在装配图中，如所选择的视图已将大部分零件的形状、结构表达清楚，但仍有少数零件的某些方面还未表达清楚时，可单独画出这些零件的视图或剖视图，如图 7-1-4 中 B 向视图。

在装配图中，当剖切平面通过的某些部件为标准产品或该部件已由其他图形表达清楚时，可按不剖绘制。

7.1.2 装配图的尺寸标注和技术要求

7.1.2.1 装配图的尺寸标注

装配图的作用不同于零件图，它不是用来制造零件的依据，所以在装配图中不需注出每个零件的全部尺寸，而只需标注出一些必要的尺寸，用于说明机器的性能、工作原理、装配关系和安装要求。装配图上应标注下列五种尺寸。

（1）规格（或性能）尺寸

规格（或性能）尺寸反映机器或部件的性能和规格尺寸。在设计时就已经确定，是了解、设计和选用机器或部件的主要依据。如图 7-1-1 齿轮油泵中吸压油口尺寸 G3/8，用以确定齿轮油泵的供油量。

（2）装配尺寸

装配尺寸是用以保证机器或部件的工作精度和性能的尺寸。

① 配合尺寸：表示两个零件配合性质的尺寸，它是确定零件装配方法和制订装配工艺规程的依据。在装配图中，配合尺寸是将配合代号以分式的形式标注在配合部位处。如图 7-1-1 中齿轮与泵体的配合尺寸 $\phi34H8/f7$，齿轮轴与左、右端盖的配合尺寸 $\phi16H7/h6$。

② 相对位置尺寸：表示装配机器和拆画零件图时需要保证的零件间相对位置的尺寸，如图 7-1-1 中两啮合齿轮中心距 28 ± 0.02。

（3）安装尺寸

安装尺寸是将机器或部件安装到其他零部件或机座上所需要的尺寸，如图 7-1-1 中地脚螺栓孔距 70。

（4）外形尺寸

外形尺寸是表示机器或部件的外形轮廓总长、总宽和总高的尺寸，它表明了机器或部件所占空间的大小，是包装、运输和安装的依据。如图 7-1-1 中齿轮油泵的总长、总宽和总高尺寸分别为 135、85、95。

（5）其他重要尺寸

除以上四类尺寸外，在设计或装配时，还需要保证其他重要尺寸，如运动零件的极限尺寸、主体零件的重要尺寸等。

需要说明的是，装配图上的某些尺寸有时兼有几种意义，而且每一张图上也不一定都有上述五种尺寸。标注尺寸时，必须明确每个尺寸的作用，对装配图没有意义的结构尺寸不需注出。

7.1.2.2 装配图的技术要求

在装配图中说明对机器或部件性能、装配、检验、使用等方面的要求和条件的文字或符号，统称为装配图的技术要求。装配图中的技术要求一般有以下内容：

① 装配工艺技术要求：主要针对装配过程中的装配方法、装配后零部件的互相接触状况、零件间的位置要求以及检查方法等进行具体说明。

② 产品试验和检验要求：主要针对产品装配完成后所要进行的性能检验和测试条件、方法以及技术性能指标进行说明。

③ 产品使用和保养说明：主要针对机器或部件在包装、运输、安装、保养以及使用过

程中的注意事项进行说明。技术要求一般以文字形式逐项注写在零件明细栏上方或图纸下方空白处。

7.1.3　装配图中零件的序号和明细栏

为了便于看图、装配、管理图样以及做好生产准备工作，必须对装配图上的每个零件或部件进行序号或代号编注，并填写明细栏，以便统计零件数量，进行生产的准备工作。同时，在看装配图时，也是根据序号查阅明细栏，来了解零件的名称、材料和数量等信息。

7.1.3.1　零部件序号的编写

① 装配图中的所有零件，均应按顺序编写序号。形状、尺寸相同的零件只编一个序号，图中零件序号与明细栏中该零件的序号一致。

② 零件序号应尽可能标注在反映装配关系最清楚的视图上，应按水平或竖直方向排列整齐，且应按顺时针或逆时针方向排列。

③ 零件序号应填写在指引线一端的横线上（或圆圈内），指引线的另一端应自所指零件的可见轮廓内引出，并在末端画一圆点；若所指部分内不宜画圆点（零件很薄或涂黑的剖面）时，可在指引线一端画箭头指向该部分的轮廓，指引线应尽可能分布均匀，不允许彼此相交。当通过有剖面线的区域时，不应与剖面线平行，如图 7-1-6 所示。

④ 序号的字号应比图中尺寸数字大一号或大两号。

⑤ 一组紧固件或装配关系明显的零件组，可采用公共指引线，如图 7-1-6(b) 所示。

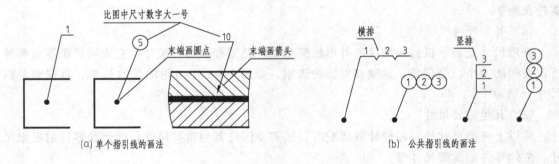

图 7-1-6　零件序号的编写形式

7.1.3.2　明细栏

明细栏是机器或部件中全部零部件的详细目录。明细栏画在标题栏正上方，其底边线与标题栏的顶边线重合。明细栏也可单独编写。

绘制和填写明细栏时应注意以下几点：

① 明细栏的粗、细实线，具体的行高、列宽尺寸要求，应按国家标准执行。

② 序号应自下而上顺序填写，如向上延伸位置不够，可以在标题栏紧靠左边的位置自下而上延续。

明细栏内容和格式在国家标准中已有规定，可参考图 1-1-4。为方便绘图，在作业中可采用图 7-1-7 所示的明细栏格式。

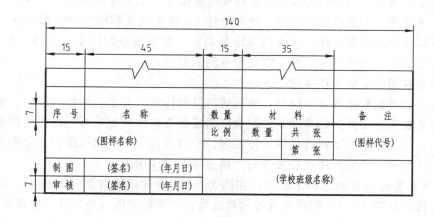

图 7-1-7　制图作业明细栏

7.1.4　识读装配图的方法

7.1.4.1　看装配图的要求

看装配图时，主要应了解如下内容：

① 机器或部件的性能、用途和工作原理；

② 各零件间的装配关系和拆装顺序；

③ 各零件的主要结构形状和作用；

④ 其他系统（如润滑系统、防漏系统等）的原理和构造。

7.1.4.2　看装配图的方法和步骤

下面以图 7-1-1 齿轮油泵装配图为例，说明看装配图的方法和步骤。

（1）概括了解

从标题栏了解装配体名称、大致用途及绘图的比例等。从零件的明细栏和图上零件的编号，了解标准件和非标准件的名称、数量和所在位置，以判断装配体复杂程度。

齿轮油泵是机器中用以输送润滑油的一个部件，主要由泵体，左、右端盖，运动零件（传动齿轮、齿轮轴等），密封零件及标准件等组成。从明细栏中可看出，齿轮油泵共由 15 种零件装配而成，其中标准件有 6 种，常用件和非标准件有 9 种。从图中可以看出齿轮油泵的外形尺寸：135mm、85mm、95mm，可知这个齿轮油泵的体积不大。

（2）分析表达方案，细读各视图

看装配图时，先要明确全图采用了哪些表达方法（齿轮油泵的装配图采用两个视图表达），明确视图间的投影对应关系。如是剖视图还要找到剖切位置，然后分析各视图所要表达的重点内容。

齿轮油泵的主视图是通过机件前后对称面剖切得到的全剖视图 $A—A$，按工作位置放置，反映了齿轮油泵各零件间的装配关系及位置。左视图是采用沿左端盖 1 与泵体 6 结合面剖切的半剖视图，它清楚地反映了这个泵的外部形状，齿轮的啮合情况及吸、压油的工作原理；再用局部视图反映吸、压油口情况。

齿轮油泵的主视图采用了装配图的规定画法和特殊画法。图 7-1-1 中件 3 与件 1、件 7 为相邻件，接触面或基本尺寸相同的轴孔配合面，只画一条线表示其公共轮廓。而两相邻件的非接触面或基本尺寸不相同的非配合面即使间隙很小，也必须画两条线。件 1 与件 6 为剖视图中相邻两零件，剖面线间距不等。件 3 与件 1、件 7 也是剖视图中的相邻件，它们的剖面线方向不同或间距不等。件 5 垫片很薄涂黑表示。主视图中的件 4、件 12、件 13、件 15 按装配图画法规定，虽然都剖切到，但是没有画剖面线。

（3）分析视图，了解工作原理

这是深入分析装配图的重要阶段，要搞清部件的传动、支承、调整、润滑、密封等的结构形式，弄清各有关零件间的接触面、配合面的连接方式和装配关系，还要分析零件的结构形状和作用，以便进一步了解部件的工作原理。一般情况下，直接从图样上分析装配体的传动路线及工作原理。当装配体比较复杂时，需参考产品说明书。

图 7-1-8 是齿轮油泵的工作原理图。在图 7-1-1 所示的齿轮油泵装配图中，当外部动力经齿轮传至传动齿轮 11 时，即产生旋转运动。当它逆时针方向（在左视图上观察）转动时，通过键 14，带动主动齿轮轴 3，再经过齿轮啮合带动从动齿轮，从而使从动齿轮轴 2 顺时针方向转动。当主动齿轮逆时针方向转动时，从动齿轮顺时针方向转动，齿轮啮合区的右边的轮齿逐渐分开时，齿轮油泵的右腔空腔体积逐渐扩大，油压降低，形成负压，油箱内的油在大气压的作用下，经吸油口被吸入齿轮油泵的右腔，齿槽中的油随着齿轮的继续旋转被带到左腔。而右边的各对轮齿又重新啮合，空腔体积缩小，使齿槽中不断挤出的油成为高压油，并由压油口压出，这样，泵室右面齿间的油被高速旋转的齿轮源源不断地带往泵室左腔，然后经管道被输送到机器中需要供油的部位。

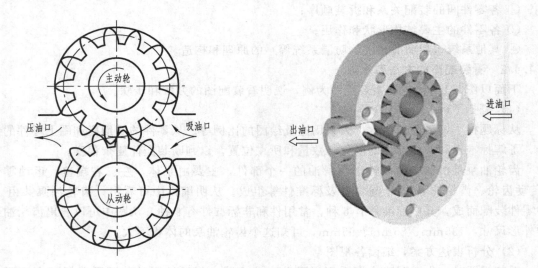

图 7-1-8　齿轮油泵的工作原理

（4）分析零件间的装配关系及装配体的结构

更深入识读装配图，需要把零件间的装配关系和装配体结构搞清楚。细致分析视图，弄清各零件之间的装配关系以及各零件主要结构形状，各零件如何定位、固定，零件间的配合情况，各零件的运动情况，零件的作用和零件的拆、装顺序等。

齿轮油泵主要有两条装配线：一条是主动齿轮轴系统，主动齿轮轴 3 装在泵体 6 和左端盖 1 及右端盖 7 的轴孔内；在主动齿轮轴上装有密封圈 8、轴套 9 及压紧螺母 10；在主动齿轮轴右边伸出端，装有齿轮 11、垫圈 12 及螺母 13。另一条是从动齿轮轴系统，从动齿轮轴 2 也是装在泵体 6 和左端盖 1 及右端盖 7 的轴孔内，与主动齿轮啮合。

① 连接和固定方式。在齿轮油泵中，左端盖 1 和右端盖 7 都是靠内六角螺钉 15 与泵体 6 连接，并用销 4 来定位。密封圈 8 由轴套 9 及压紧螺母 10 挤压在右端盖的相应的孔槽内。齿轮 11 靠主动齿轮轴 3 端面定位，用螺母 13 及垫圈 12 固定。两齿轮轴向定位，是靠两端盖端面及泵体两侧面分别与齿轮两端面接触。从图 7-1-1 中可以看出，采用 4 个圆柱销定位、12 个螺钉紧固的方法将两个端盖与泵体连接在一起。

② 尺寸关系与配合要求。在识读装配图时要明确机器或部件的性能、装配、检验、安装、运输等有关的几类尺寸，还要注意零件在部件中的作用、要求以及图上所注公差配合的代号，还需弄清零件间配合种类、松紧程度、精度要求等。图 7-1-1 中尺寸与配合在前面装配图的尺寸标注和技术要求中已说明，此处不再赘述。

③ 密封装置。泵、阀之类的部件，为了防止液体或气体泄漏、灰尘进入内部，一般都有密封装置。在齿轮油泵中，主动齿轮轴 3 伸出端用轴套 9 和压紧螺母 10 压紧密封圈 8 加以密封；两端盖与泵体接触面间放有垫片 5 的作用也是密封防漏。

④ 装拆顺序。装配体在结构设计上都应有利于各零件按一定顺序进行装拆。齿轮油泵的拆卸顺序是：先拧出螺母 13，取出垫圈 12、齿轮 11 和键 14，旋出压紧螺母 10，取出轴套 9；再拧出左、右端盖上各 6 个螺钉 15，两端盖、泵体和垫片即可分开；然后从泵体中抽出两齿轮轴。对于销和密封圈可不必从端盖上取下。如果需要重新装配，可按拆卸的相反顺序进行。

（5）分析零件，看懂零件的结构形状

弄清楚每个零件的结构形状和作用，是读懂装配图的重要标志。在分析清楚各视图表达的内容后，对照明细栏和图中的序号，逐一分析各零件的结构形状。分析时一般从主要零件开始，再看次要零件。

分析零件，首先要会正确地区分零件。区分零件的方法主要是依靠不同方向和不同间隔的剖面线以及各视图之间的投影关系进行判别。从标注该零件序号的视图入手，用对线条、找投影关系以及根据"同一零件的剖面线在各个视图上方向相同、间隔相等"的规定等，将零件在各个视图上的投影范围及其轮廓搞清楚，进而构思出该零件的结构形状。此外，分析零件主要结构形状时，还应考虑零件为什么要采用这种结构形状，以进一步分析该零件的作用。

零件区分出来之后，便要分析零件的结构形状和功用。以齿轮油泵件 7 为例，首先，从标注序号的主视图中找到件 7，并确定该件的视图范围；然后用对线条、找投影关系以及根据"同一零件在各个视图中剖面线应相同"这一原则来确定该件在左视图中的投影。这样就可以根据从装配图中分离出来的属于该件的投影进行分析，想象出它的结构形状。齿轮油泵的两端盖与泵体装在一起，将两齿轮密封在泵腔内；同时对两齿轮轴起着支承作用。所以需要用圆柱销来定位，以便保证左端盖上的轴孔与右端盖上的轴孔能够很好地对中。

（6）归纳总结

通过以上分析，把对机器或部件的所有了解进行归纳，获得对机器或部件整体的认识，想象出内外全部零件形状，如图 7-1-9 所示，从而了解齿轮油泵及其部件的设计意图和装配工艺性等。

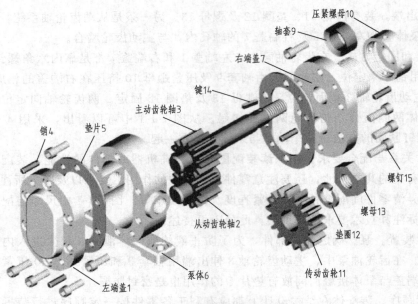

压紧螺母10
轴套9
右端盖7
键14
主动齿轮轴3
垫片5
销4
螺钉15
螺母13
垫圈12
从动齿轮轴2
泵体6
传动齿轮11
左端盖1

图 7-1-9　齿轮油泵的轴测分解

记一记

任务 7.2　拆画齿轮油泵零件图

引导问题

- 根据装配图拆画零件图的意义是什么？

- 一个完整的拆图过程分哪些步骤？

- 在表达机器装配时有哪些合理的装配结构？

【任务导入】

在全面识读图 7-1-1 齿轮油泵装配图的基础上，按照零件图的内容和要求拆画右端盖的零件图，并完成尺寸标注和技术要求等内容。

【知识链接】

在设计新机器时，经常是先画出装配图，确定主要结构，然后根据装配图各视图的投影轮廓找出零件的投影，将其从装配图中"分离"出来，而后结合分析结果，补齐所缺的轮廓线，再根据零件图的视图表达要求重新安排视图，注写尺寸及技术要求。由装配图中画出零件图的过程称为拆画零件图。拆画图的过程，也是继续设计的过程。因此由装配图拆画零件图是设计零部件的一个重要环节。

7.2.1 零件的分类

拆画零件图前，要对装配图所示的机器或部件中的零件进行分类处理，以明确拆画对象。零件可分为以下几类：

① 标准件：大多数标准件属于外购件，故只需列出汇总表，填写标准件的规定标记、材料及数量即可，不拆画零件图。

② 借用零件：借用零件是指借用定型产品中的零件，利用已有的零件图，不必另行拆画其零件图。

③ 特殊零件：特殊零件是设计时经过特殊考虑和计算所确定的重要零件，这类零件应按给出的图样或数据资料拆画零件图。

④ 一般零件：一般零件是拆画的主要对象，应按照在装配图中所表达的形状、大小和有关技术要求来拆画零件图。

7.2.2 常见装配结构

为保证机器或部件能顺利装配，达到设计规定的性能要求，且拆装方便，必须使零件间的装配结构满足装配工艺要求，同时兼顾装配结构的合理性。常见的装配合理结构如下。

7.2.2.1 接触面与配合面结构

① 两个零件接触时，在同一方向（轴向或径向）上一般只允许有一对接触面或配合面，如 7-2-1 所示。这样既保证了装配工作能顺利地进行，又降低了零件的加工要求，否则就要提高接触面的尺寸精度，增大加工成本。

② 为了保证轴和孔在配合面和轴肩端面两个方向都接触良好，应在孔口或轴根处作出相应的倒角、凹槽或倒圆，如图 7-2-2 所示。

③ 为保证连接件与被连接件的良好接触，应在被连接件接触面上加工出沉孔、凸台、埋头孔等，如图 7-2-3 所示。

7.2.2.2 便于拆装的结构

（1）便于拆装滚动轴承的结构

滚动轴承是标准件，在画装配图时，可根据国家标准规定的规定画法和简化画法（通用画法和特征画法）表示。常用滚动轴承的画法可见表 5-1-6。

图 7-2-4 所示为滚动轴承安装在箱体轴承孔内及安装在轴上的情形。图 7-2-4（b）、（c）

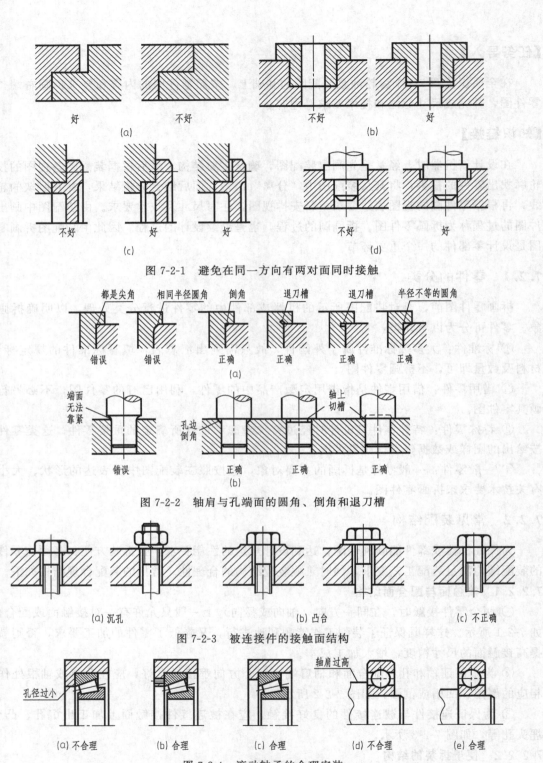

图 7-2-1　避免在同一方向有两对面同时接触

图 7-2-2　轴肩与孔端面的圆角、倒角和退刀槽

图 7-2-3　被连接件的接触面结构

图 7-2-4　滚动轴承的合理安装

（e）所示是合理的，而在图 7-2-4(a)、(d)的情形下，轴承将无法拆卸，是不合理的。

（2）便于拆装螺纹连接件的结构

为了便于拆装，必须要考虑拆装螺栓、螺钉时扳手的活动空间以及螺钉装入时所需的空间。图 7-2-5 分别给出了不合理与合理的螺纹连接件的拆装结构。

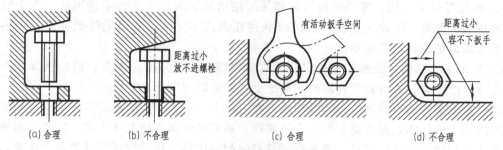

| (a) 合理 | (b) 不合理 | (c) 合理 | (d) 不合理 |

图 7-2-5　螺栓连接件拆装结构

（3）定位销的装配结构

为了便于销孔加工和拆卸方便，在可能的条件下，尽量将销孔做成通孔，如图 7-2-6 所示。

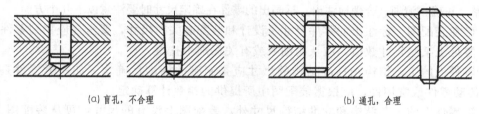

| (a) 盲孔，不合理 | (b) 通孔，合理 |

图 7-2-6　应考虑拆卸方便

7.2.2.3　螺纹紧固件的防松装置

大部分机器在工作时常会产生振动或冲击，导致螺纹紧固件松动，影响机器的正常工作，甚至诱发严重事故，所以螺纹连接中一定要设计防松装置。常用的防松装置有双螺母、弹簧垫圈、止推垫圈和开口销等，如图 7-2-7 所示。

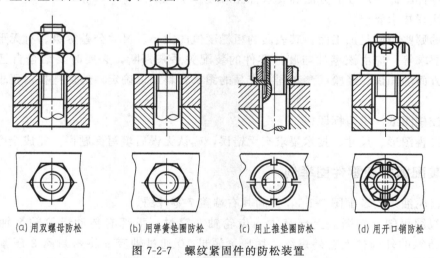

| (a) 用双螺母防松 | (b) 用弹簧垫圈防松 | (c) 用止推垫圈防松 | (d) 用开口销防松 |

图 7-2-7　螺纹紧固件的防松装置

7.2.3　拆画零件图的一般方法和步骤

（1）确定零件的形状

① 看懂装配图，弄清所画零件的基本结构形状、作用和技术要求。这是确定零件的形

状的基础。

② 根据零件的功能、零件结构知识和装配结构知识来补充完善零件形状。由于装配图主要表达装配关系，因此对某些零件的形状往往表达不完全，这时就需要补充完善零件形状，某些局部结构甚至要重新设计。

③ 补全工艺结构，完善零件的完整轮廓。如倒角、退刀槽、圆角、顶尖孔等，在装配图上往往省略不画，在拆画零件图时均应加上，并加以标准化。

（2）根据零件的形状和作用选择表达方案

装配图上的视图选择方案主要从表达装配关系和整个部件情况来考虑。因此，在考虑零件的视图选择时不应简单照抄，要根据零件在装配图中的工作位置或零件的加工位置，重新选择视图，确定表达方案。

（3）确定零件的尺寸

装配图上对零件的尺寸标注不完全，所以拆画零件图时，要确保零件图上各组成部分的全部尺寸完整、正确、清晰、合理地注出。拆画出的零件在确定尺寸时要注意以下几个方面：

① 已在装配图上标注出的零件尺寸是设计和装配有关的尺寸，要全部应用到零件图上。

② 零件上某些尺寸数值，应从明细栏或有关标准中查得。

③ 零件上的工艺结构和标准结构的尺寸应查阅有关标准后确定。如所拆零件是齿轮、弹簧等传动零件或常用件，应根据装配图中所提供的参数计算确定。

④ 除零件上的工艺结构和标准结构尺寸外，装配图上没有的尺寸，可从装配图上按比例大小直接量取、计算或根据实际自行确定，但要注意圆整。

（4）根据前面选定的表达方案和确定的尺寸画图

按照画零件图的方法步骤绘图。

（5）标注尺寸

按照零件图标注尺寸的方法和要求标注尺寸。

（6）注写技术要求

零件的哪些表面是加工面，其表面的粗糙度值的大小、尺寸公差等级、有无形位公差要求和质量要求等，应由该零件与其他零件的装配关系来判断，必要时要结合自己掌握的结构、工艺方面的知识、经验或参考同类产品的图纸资料加以确定。然后把技术要求注写在零件图上。

（7）校核图纸，填写标题栏

仔细检查图形、尺寸、技术要求有无错误，确认无误后填写标题栏，完成全图。

7.2.4 装配图拆画零件图举例

根据齿轮油泵的装配图 7-1-1，拆画其右端盖 7 零件图。

由主视图可知，右端盖上部有主动齿轮轴 3 穿过，下部有传动齿轮轴 2 轴颈的支承孔，右端凸缘的外圆柱上有外螺纹，用压紧螺母 10 通过轴套 9 将密封圈 8 压紧在轴的四周。由左视图可知，右端盖的外形为长圆形，沿周围分布有 6 个螺钉沉孔和 2 个圆柱销孔。

拆画此零件时，先从主视图上区分出右端盖的视图轮廓，由于在装配图的主视图上，右端盖的一部分可见投影被其他零件所遮挡，因而它是一幅不完整的图形，如图 7-2-8（a）所示。根据此零件的作用及装配关系，可以补全所缺的轮廓线，如图 7-2-8（b）所示。这样的盘盖类零件一般可用两个视图表达，在选择零件的主视图时，为了使主视图能更充分地表达右端盖的外形，显示更多的可见轮廓，将外螺纹凸缘部分向前布置，而拆画的右端盖图形可作为左视图，显示各部分结构。

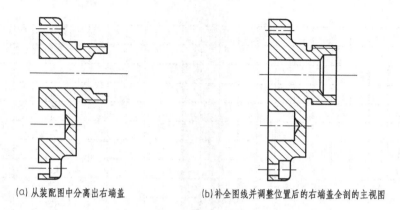

(a) 从装配图中分离出右端盖   (b) 补全图线并调整位置后的右端盖全剖的主视图

图 7-2-8　由齿轮油泵装配图拆画右端盖零件图

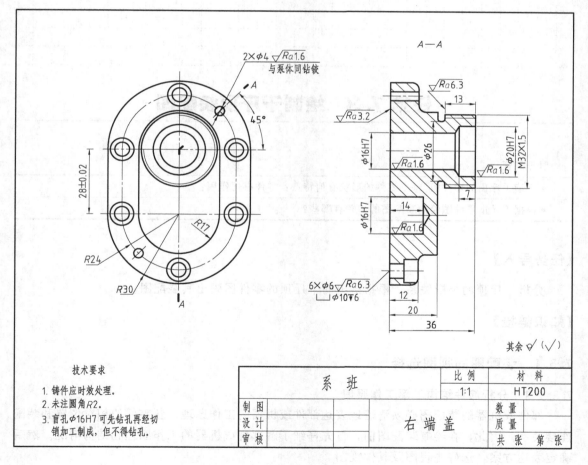

图 7-2-9　右端盖零件图

图 7-2-9 为右端盖零件图。在图中按零件图的要求注全了尺寸和技术要求，有关的尺寸公差是按装配图中的要求注写的。这张零件图能完整、清晰地表达这个右端盖。

记一记

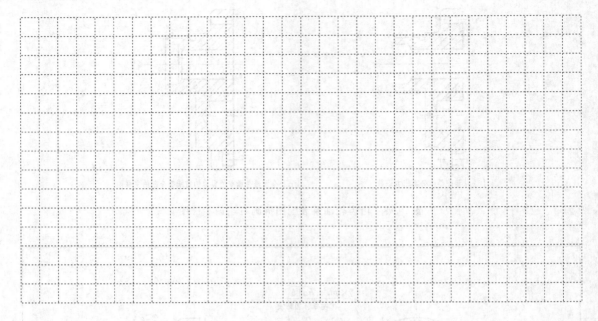

任务 7.3　绘制千斤顶装配图

引导问题

• 识读千斤顶的零件图，每个零件的形状有何特点？零件有何作用？

• 根据千斤顶零件图绘制装配图的步骤有哪些？

【任务导入】

分析千斤顶的装配关系，根据给出的千斤顶的零件图画出其装配图。

【知识链接】

7.3.1　装配图的视图选择

7.3.1.1　分析部件结构了解工作原理

部件或机器的装配图必须清楚地表达部件或机器的工作原理、各零件的相对位置和装配连接关系。因此，在绘制装配图前，首先仔细了解部件或机器的工作原理和结构情况。然后确定表达方案，选好主视图及其他视图。

从千斤顶装配示意图入手，如图 7-3-1 所示。对部件进行研究分析，了解其工作原理、结构特点和部件中各零件的装配关系。

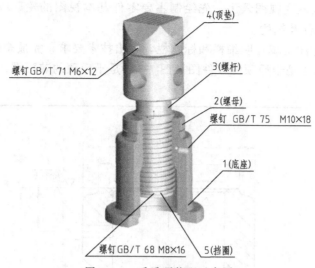

图 7-3-1　千斤顶装配示意图

千斤顶零件主要有顶垫、螺杆、螺母、底座、挡圈等。在螺杆 3 的上端球面上，套装一个顶垫 4，并加装一个 M6 螺钉，使其不脱落。螺杆的另一端镶嵌在底座 1 里，用螺钉固定。工作时，绞杠（图中未示）穿在螺杆 3 上部的圆孔中，转动绞杠，螺杆通过螺母 2 中的螺纹上升面顶起重物，实现起重或顶压的作用。

7.3.1.2　确定主视图方向

（1）主视图的选择

主视图应较好的表达零部件的工作原理、主要的装配关系、相对位置、形状和结构特征等，所以一般尽可能按工作位置放置。使主要装配轴线处于水平或垂直关系，以便画图。

（2）其他视图的选择

选择其他视图时，首先应分析部件中还有哪些工作原理、装配关系和主要零件的主要结构没有表达清楚，然后确定选用适当的其他视图给予补充（如剖视、断面、拆去某些零件、剖视中套用剖视等），进一步将装配关系表达清楚。

确定部件或机器的表达方案时，可以有多套方案，每套方案一般均有着优缺点，通过分析再选择比较理想的表达方案。

千斤顶装配图的表达方案：主视图采用全剖视图，表达千斤顶的主要装配干线的装配关系、工作原理、装配结构、零件形状等；另选择俯视图说明座体等零件的外形结构；件 4 选用俯向视图说明其顶部花纹；件 3 选用水平剖视表达四个通孔结构。

7.3.2　绘制装配图的步骤

按照选定的表达方案，就可以着手画图，画图时必须遵循以下步骤。

① 根据所画部件的大小，考虑尺寸、编号、标题栏、明细栏及注写技术要求所应占的位置，选择绘图比例，确定图幅。应尽可能采用 1∶1 的比例，这样有利于想象物体的形状和大小，需要采用放大或缩小的比例时，必须采用国家标准推荐的比例。

② 确定比例后，先完成图框、标题栏、明细栏的外框。

③ 布置视图，要注意留出标注尺寸和零件编号的位置。从主视图的基础零件的基准线入手绘制。

④ 画底稿。一般从主视图入手，先绘制主要零件基本视图的轮廓线，然后绘制非基本视图，最后绘制细部件及结构。

⑤ 整理加深，标注、填写明细栏和标题栏，写出技术要求，完成全图。

图 7-3-2～图 7-3-4 是千斤顶的零件图，图 7-3-5 是千斤顶的装配图。

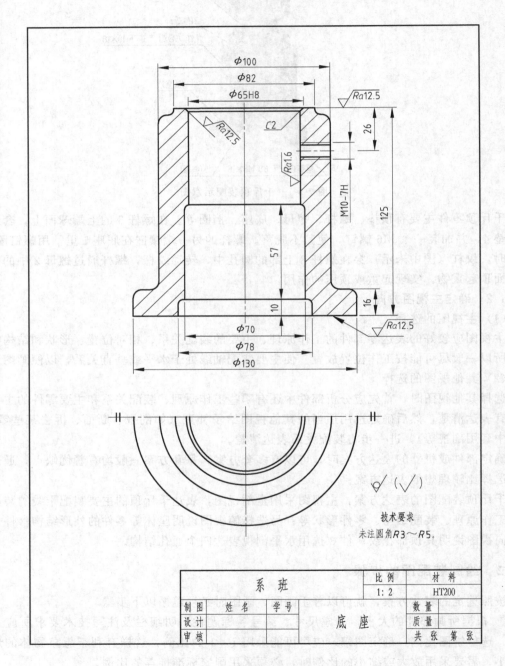

图 7-3-2 千斤顶底座零件图

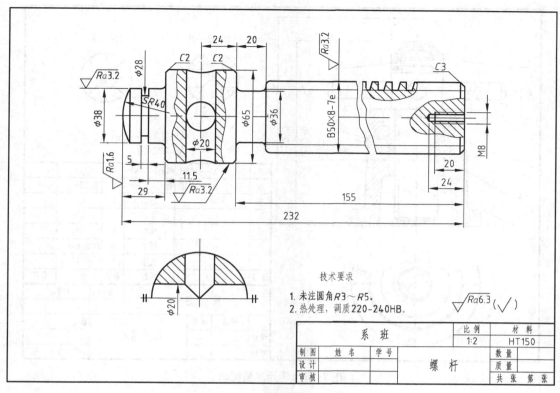

技术要求

1. 未注圆角 R3～R5。
2. 热处理，调质 220-240HB。

$\sqrt{Ra6.3}(\sqrt{})$

系 班			比 例	材 料	
			1:2	HT150	
制 图	姓 名	学 号	螺 杆	数 量	
设 计				质 量	
审 核				共 张 第 张	

图 7-3-3　千斤顶螺杆零件图

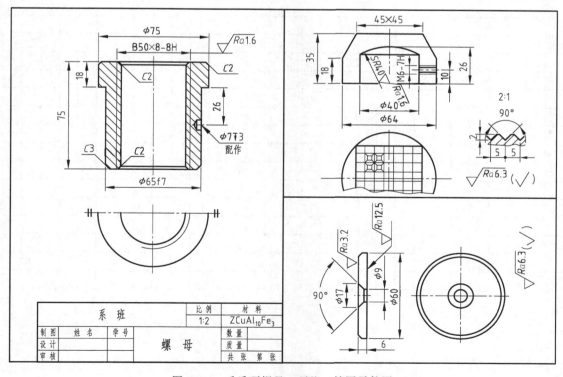

系 班			比 例	材 料	
			1:2	ZCuAl₁₀Fe₃	
制 图	姓 名	学 号	螺 母	数 量	
设 计				质 量	
审 核				共 张 第 张	

图 7-3-4　千斤顶螺母、顶垫、挡圈零件图

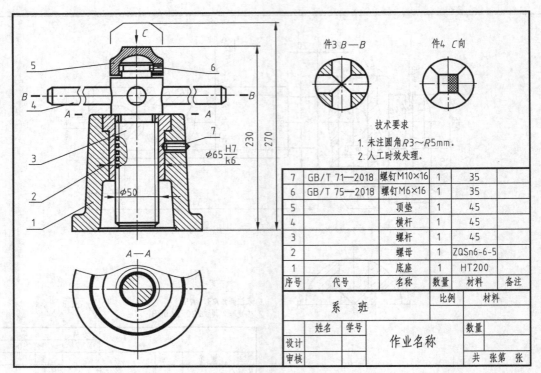

件3 B—B   件4 C向

技术要求

1. 未注圆角R3～R5mm.
2. 人工时效处理.

7	GB/T 71—2018	螺钉M10×16	1	35	
6	GB/T 75—2018	螺钉M6×16	1	35	
5		顶垫	1	45	
4		横杆	1	45	
3		螺杆	1	45	
2		螺母	1	ZQSn6-6-5	
1		底座	1	HT200	
序号	代号	名称	数量	材料	备注

系 班			比例		材料	
	姓名	学号	作业名称		数量	
设计						
审核					共 张第 张	

图 7-3-5 千斤顶装配图

记一记

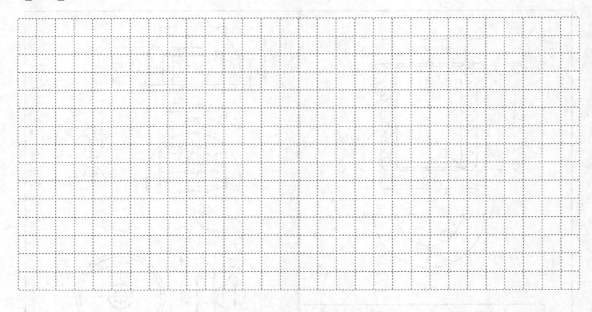

附　　录

附录1　螺　　纹

附表1　普通螺纹直径与螺距（摘自 GB/T 192，193，196—2003）　　　　　mm

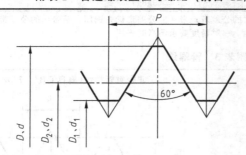

D——内螺纹大径
d——外螺纹大径
D_2——内螺纹中径
d_2——外螺纹中径
D_1——内螺纹小径
d_1——外螺纹小径
P——螺距

标记示例：

M10-6g（粗牙普通外螺纹，公称直径 d＝M10，右旋，中径及大径公差带均为 6g，中等旋合长度）

M10×1-6H-LH（细牙普通内螺纹，公称直径 D＝M10，螺距 P＝1mm，中径及小径公差带均为 6H，中等旋合长度，左旋）

公称直径 D，d			螺距 P	
第一系列	第二系列	第三系列	粗　牙	细　牙
4	—	—	0.7	0.5
5	—	—	0.8	0.5
6	—	—	1	0.75
—	7	—	1	0.75
8	—	—	1.25	1,0.75
10	—	—	1.5	1.25,1,0.75
12	—	—	1.75	1.25,1
—	14	—	2	1.5,1.25,1
—	—	15	—	1.5,1
16	—	—	2	1.5,1
—	18	—	2.5	2,1.5,1
20	—	—	2.5	2,1.5,1
—	22	—	2.5	2,1.5,1
24	—	—	3	2,1.5,1
—	—	25	—	2,1.5,1
—	27	—	3	2,1.5,1

续表

公称直径 D,d			螺距 P	
第一系列	第二系列	第三系列	粗 牙	细 牙
30	—	—	3.5	(3),2,1.5,1
—	33	—		(3),2,1.5
—	—	35	—	1.5
36	—	—	4	3,2,1.5
—	39	—		

注：优先选用第一系列，其次是第二系列，第三系列尽可能不用；括号内尺寸尽可能不用。

附表 2　普通螺纹的公差带（摘自 GB/T 197—2018）

螺纹种类	精度	外螺纹公差带			内螺纹公差带		
		S	N	L	S	N	L
普通螺纹	中等	(5g6g) (5h6h)	* 6g * 6e 6h	(7e6e) (7g6g) (7h6h)	* 5H (5G)	6H * 6G	* 7H (7G)
	粗糙	—	8g,(8e)	(9e8e) (9g8g)		7H,(7G)	8H (8G)

注：1.大量生产的紧固件螺纹，推荐采用带方框的公差带；带 * 的公差带优先选用，括号内的公差带尽可能不用。
2.两种精度选用原则：中等——一般用途；粗糙——对精度要求不高时采用。

附表 3　管螺纹

55°密封管螺纹（摘自 GB/T 7306—2000)　　　　55°非密封管螺纹（摘自 GB/T 7307—2001）

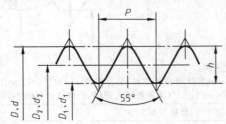

标记示例：
R1/2（尺寸代号 1/2,右旋圆锥外螺纹)
Rc1/2LH（尺寸代号 1/2,左旋圆锥内螺纹)

标记示例：
G1/2LH（尺寸代号 1/2,左旋内螺纹)
G1/2A（尺寸代号 1/2,A 级右旋外螺纹)

尺寸代号	大径 d,D /mm	中径 d_2,D_2 /mm	小径 d_1,D_1 /mm	螺距 P /mm	牙高 h /mm	每 25.4mm 内的牙数 n
1/4	13.157	12.301	11.445	1.337	0.856	19
3/8	16.662	15.806	14.950			
1/2	20.955	19.793	18.631	1.814	1.162	14
3/4	26.441	25.279	24.117			
1	33.249	31.770	30.291	2.309	1.479	11
1½	41.910	40.431	38.952			
1½	47.803	46.324	44.845			
2	59.614	58.135	56.656			
2½	75.184	73.705	72.226			
3	87.884	86.405	84.926			

附录2 常用的标准件

附表4　六角头螺栓　　mm

六角头螺栓 C级（摘自 GB/T 5780—2016）　　六角头螺栓 全螺纹 C级（摘自 GB/T 5781—2016）

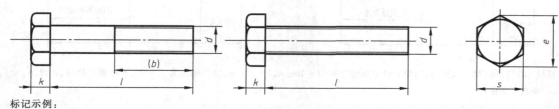

标记示例：

螺栓 GB/T 5780 M20×100（螺纹规格 d=20mm、公称长度 l=100mm、性能等级为 4.8 级、不经表面处理、杆身半螺纹、产品等级为 C 级的六角头螺栓）

螺纹规格 d		M5	M6	M8	M10	M12	M16	M20	M24	M30	M36	M42
b 参考	$l_{公称}$ ≤125	16	18	22	26	30	38	46	55	66	—	—
	125<$l_{公称}$≤200	22	24	28	32	36	44	52	60	72	84	96
	$l_{公称}$ >200	35	37	41	45	49	57	65	73	85	97	109
$k_{公称}$		3.5	4.0	5.3	6.4	7.5	10	12.5	15	18.7	22.5	26
s_{max}		8	10	13	16	18	24	30	36	46	55	65
e_{min}		8.63	10.9	14.2	17.6	19.9	26.2	33.0	39.6	50.9	60.8	71.3
$l_{范围}$	GB/T 5780	25~50	30~60	35~80	40~100	45~120	55~160	65~200	80~240	90~300	110~300	160~420
	GB/T 5781	10~40	12~50	16~65	20~80	25~100	35~100	40~100	50~100	60~100	70~100	80~420
$l_{公称}$		10,12,16,20~50(5 进位),(55),60,(65),70~160(10 进位),180,220~500(20 进位)										

附表5　六角螺母 C 级 （摘自 GB/T 41—2016）　　mm

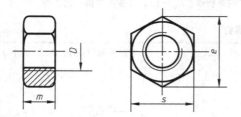

标记示例：

螺母 GB/T 41 M10

（螺纹规格 D=M10、性能等级为 5 级、不经表面处理、产品等级为 C 级的六角螺母）

螺纹规格 D	M5	M6	M8	M10	M12	M16	M20	M24	M30	M36	M42	M48	M56
s_{max}	8	10	13	16	18	24	30	36	46	55	65	75	85
e_{min}	8.63	10.89	14.20	17.59	19.85	26.17	32.95	39.55	50.85	60.79	72.3	82.6	93.56
mm_{max}	5.6	6.4	7.9	9.5	12.2	15.9	19	22.3	26.4	31.9	34.9	38.9	45.9

附表 6　双头螺柱（摘自 GB/T 897～900—1998）　　　　　　　　mm

标记示例：

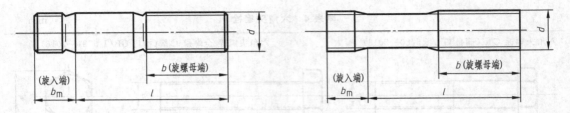

(旋入端) $b_{\rm m}$　l　b(旋螺母端)

螺柱 GB/T 900 M10×50（两端均为粗牙普通螺纹、$d＝10$mm、$l＝50$mm、性能等级为 4.8 级、不经表面处理、B 型、$b_{\rm m}＝2d$ 的双头螺柱）

螺纹规格 d	旋入端长度 $b_{\rm m}$				螺柱长度 l/旋螺母端长度 b
	GB/T 897	GB/T 898	GB/T 899	GB/T 900	
M4	—	—	6	8	$(16～22)/8,(25～40)/14$
M5	5	6	8	10	$(16～22)/10,(25～50)/16$
M6	6	8	10	12	$(20～22)/10,(25～30)/14,(32～75)/18,$
M8	8	10	12	16	$(20～22)/12,(25～30)/16,(32～90)/22$
M10	10	12	15	20	$(25～28)/14,(30～38)/16,(40～120)/26,130/32$
M12	12	15	18	24	$(25～30)/16,(32～40)/20,(45～120)/30,(130～180)/36$
M16	16	20	24	32	$(30～38)/20,(40～55)/30,(60～120)/38,(130～200)/44$
M20	20	25	30	40	$(35～40)/25,(45～65)/35,(70～120)/46,(130～200)/52$
M24	24	30	36	48	$(45～50)/30,(55～75)/45,(80～120)/54,(130～200)/60$
(M30)	30	38	45	60	$(60～65)/40,(70～90)/50,(95～120)/66,(130～200)/72,(210～250)/85,$
M36	36	45	54	72	$(65～75)/45,(80～110)/60,120/78,(130～200)/84,(210～300)/97$
M42	42	52	63	84	$(70～80)/50,(85～110)/70,120/890,(130～200)/96,(210～300)/109,$
$l_{公称}$	12,(14),16,(18),20,(22),25,(28),30,(32),35,(38),40,45,50,55,60,(65),70,75,80,(85),90,(95),100～260,(10 进位),280,300				

注：1. 尽可能不采用括号内的规格。末端按 GB/T 2—2000 规定。

2. $b_{\rm m}＝d$，一般用于钢对钢；$b_{\rm m}＝(1.25～1.5)d$，一般用于钢对铸铁；$b_{\rm m}＝2d$，一般用于钢对铝合金。

附表 7　螺钉　　　　　　　　mm

开槽圆柱头螺钉(GB/T 65—2016)	开槽盘头螺钉(GB/T 67—2016)	开槽沉头螺钉(GB/T 68—2016)

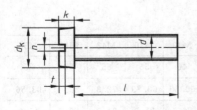 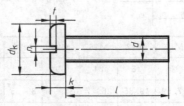 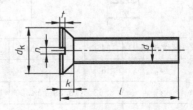

标记示例：

螺钉 GB/T 65 M5×20（螺纹规格 $d=5$mm、$l=50$mm、性能等级为 4.8 级、不经表面处理的开槽圆柱头螺钉）

螺纹规格 d			M1.6	M2	M2.5	M3	(M3.5)	M4	M5	M6	M8	M10
n公称			0.4	0.5	0.6	0.8	1	1.2	1.2	1.6	2	2.5
GB/T 65	d_k	max	3	3.8	4.5	5.5	6	7	8.5	10	13	16
	k	max	1.1	1.4	1.8	2	2.4	2.6	3.3	3.9	5	6
	t	min	0.45	0.6	0.7	0.85	1	1.1	1.3	1.6	2	2.4
	$l_{范围}$		2~16	3~20	3~25	4~30	5~35	5~40	6~50	8~60	10~80	12~80
GB/T 67	d_k	max	3.2	4	5	5.6	7	8	9.5	12	6	20
	k	max	1	1.3	1.5	1.8	2.1	2.4	3	3.6	4.8	6
	t	max	0.35	0.5	0.6	0.7	0.8	1	1.2	1.4	1.9	2.4
	$l_{范围}$		2~16	2.5~20	3~20	4~30	5~35	5~40	6~50	8~60	10~80	12~80
GB/T 68	d_k	max	3	3.8	4.7	5.5	7.3	8.4	9.3	11.3	15.8	18.3
	k	max	1	1.2	1.5	1.65	2.35	2.7	2.7	3.3	4.65	5
	t	max	0.32	0.4	0.5	0.6	0.9	1	1.1	1.2	1.8	2
	$l_{范围}$		2.2~16	3~20	4~25	5~30	6~35	6~40	8~50	8~60	10~80	12~80
$l_{系列}$			2,2.5,3,4,5,6,8,10,12,(14),16,20,25,30,35,40,45,50,(55),60,(65),70,(75),80									

注：1. 尽可能不采用括号内的规格。

2. 商品规格 M1.6~M10。

<h3 style="text-align:center">附表 8　圆锥销（摘自 GB/T 117—2000）　　　　　　　mm</h3>

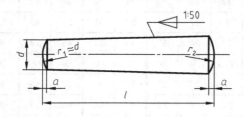

A 型（磨削）：锥面表面粗糙度 $Ra=0.8\mu m$

B 型（切削或冷镦）：锥面表面粗糙度 $Ra=3.2\mu m$

$$r_2 \approx \frac{a}{2}+d+\frac{0.021^2}{8a}$$

标记示例：

销 GB/T 117 6×30（公称直径 $d=6$mm、公称长度 $l=50$mm、材料为 35 钢、热处理硬度 28~38HRC、表面氧化处理的 A 型圆锥销）

$d_{公称}$	2	2.2	3	4	5	6	8	10	12	16	20	25
$a\approx$	0.25	0.3	0.4	0.5	0.63	0.8	1.0	1.2	1.6	2.0	2.5	3.0
$l_{范围}$	10~35	10~35	12~45	14~55	18~60	22~90	22~120	26~160	32~180	40~200	45~200	50~200
$l_{公称}$	2,3,4,5,6~32(2 进位),35~100(5 进位),120~200(20 进位),(公称长度大于 200,按 20 递增)											

附表 9　圆柱销　不淬硬钢和奥氏体不锈钢（摘自 GB/T 119.1—2000）　　　　　mm

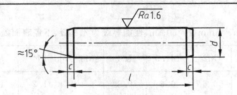

标记示例：

销 GB/T 119.1 10m6×90(公称直径 d=10、公差为 m6、公称长度 l=90、材料为钢、不经淬火、不经表面热处理的圆柱销)

销 GB/T 119.1 10m6×90-Al(公称直径 d=10、公差为 m6、公称长度 l=90、材料为 Al 组奥氏体不锈钢、表面简单处理的圆柱销)

$d_{公称}$	2	2.5	3	4	5	6	8	10	12	16	20	25
$c\approx$	0.35	0.4	0.5	0.63	0.8	1.2	1.6	2.0	2.5	3.0	3.5	4.0
$l_{范围}$	6~20	6~24	8~30	8~40	10~50	12~60	14~80	18~95	22~140	26~180	35~200	50~200
$l_{公称}$	2,3,4,5,6~32(2 进位),35~100(5 进位),120~200(20 进位)(公称长度大于 200,按 20 递增)											

附表 10　垫圈　　　　　mm

平垫圈　A 级(摘自 GB/T 97.1—2002)　　　　　平垫圈 C 级(摘自 GB/T 95—2002)

平垫圈　倒角型 A 级(摘自 GB/T 97.2—2002)　　　　　标准型弹簧垫圈(摘自 GB/T 93—1987)

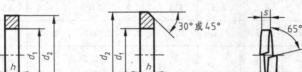

平垫圈　　　　　　倒角型平垫圈　　　　　　标准型弹簧垫圈　　　　　弹簧垫圈开口画法

标记示例：

垫圈 GB/T 95 8(标准系列、公称规格 8、硬度等级为 100HV 级、不经表面处理、产品等级为 C 级的平垫圈)

垫圈 GB/T 93 10(规格 10、材料为 65Mn、表面氧化的标准型弹簧垫圈)

公称规格(螺纹大径 d)		4	5	6	8	10	12	16	20	24	30	36	42	48
GB/T 97.1(A 级)	d_1	4.3	5.3	6.4	8.4	10.5	13.0	17	21	25	31	37	45	52
	d_2	9	10	12	6	20	24	30	37	44	56	66	78	92
	h	0.8	1	1.6	1.6	2	2.5	3	3	4	4	5	8	8
GB/T 97.2(A 级)	d_1	—	5.3	6.4	8.4	10.5	13	17	21	25	31	37	45	52
	d_2	—	10	12	16	20	24	30	37	44	56	66	78	92
	h	—	1	1.6	1.6	2	2.5	3	3	4	4	5	8	8
GB/T 95(C 级)	d_1	4.5	5.5	6.6	9	11	13.5	17.5	22	26	33	39	45	52
	d_2	9	10	12	16	20	24	30	37	44	56	66	78	92
	h	0.8	1	1.6	1.6	2	2.5	3	3	4	4	5	8	8
GB/T 93	d_1	4.1	5.1	6.1	8.1	10.2	12.2	16.2	20.2	24.5	30.5	36.5	42.5	48.5
	$s=b$	1.1	1.3	1.6	2.1	2.6	3.1	1.4	1.5	6	7.5	9	10.5	12
	H	2.8	3.3	4	5.3	6.5	7.8	10.3	12.5	15	18.6	22.5	26.3	30

注：1. A 级适用于精装配系列，C 级适用于中等装配系列。

2. C 级垫圈没有 Ra=3.2μm 和去毛刺的要求。

附表 11 平键及键槽各部分尺寸（摘自 GB/T 1095、1096—2003）

mm

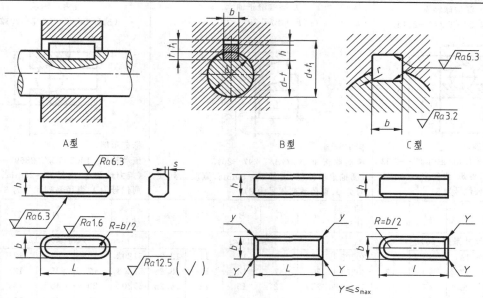

A型   B型   C型

标记示例：

GB/T 1096 键 16×10×100（普通 A 型平键，b＝16mm，h＝10mm，L＝100mm）

GB/T 1096 键 B 16×10×100（普通 B 型平键，b＝16mm，h＝10mm，L＝100mm）

GB/T 1096 键 C 16×10×100（普通 C 型平键，b＝16mm，h＝10mm，L＝100mm）

轴	键		键 槽										
			宽度 b					深度				半径 r	
公称直径 d	基本尺寸 $b×h$	长度 L	基本尺寸 b	极限偏差				轴 t		毂 t_1			
				松连接		正常连接		紧密连接					
				轴 H9	毂 D10	轴 N9	毂 Js9	轴和毂 P9	基本尺寸	极限偏差	基本尺寸	极限偏差	最小	最大
>10~12	4×4	8~45	4	−0.030 0	−0.078 −0.030	0 −0.030	±0.015	−0.012 −0.042	2.5	+0.1 0	1.8	+0.1 0	0.08	0.16
>12~17	5×5	10~56	5						3.0		2.3			
>17~22	6×6	14~70	6						3.5		2.8		0.16	0.25
>22~30	8×7	18~90	8	−0.036 0	−0.098 0.040	0 −0.036	±0.018	−0.015 −0.051	4.0		3.3			
>30~38	10×8	22~110	10						5.0		3.3			
>38~44	12×8	28~140	12	−0.043 0	−0.120 0.050	0 −0.043	±0.0215	−0.018 −0.061	5.0		3.3			
>44~50	14×9	36~160	14						5.5		3.8		0.25	0.40
>50~58	16×10	45~180	16						6.0	+0.2 0	4.3	+0.2 0		
>58~65	18×11	50~200	18						7.0		4.4			
>65~75	20×12	56~220	20	−0.052 0	−0.149 −0.065	0 −0.052	±0.026	−0.022 −0.074	7.5		4.9			
>75~85	22×14	63~250	22						9.0		5.4			
>85~95	25×14	70~280	25						9.0		5.4		0.40	0.60
>95~110	28×16	80~320	28						10		6.4			
L系列	6~22(2 进位)，25,28,32,36,40,45,50,56,63,70,80,90,100,110,125,140,160,180,200,220,250,280,320, 360,400,450,500													

深沟球轴承 （摘自 GB/T 276—2013）	L 圆锥滚子轴承 （摘自 GB/T 297—2015）	推力球轴承 （摘自 GB/T 28697—2012）
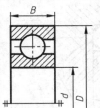	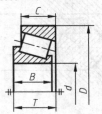	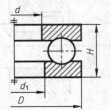

标记示例：
滚动轴承 6310 GB/T 276—2013
（深沟球轴承、内径 $d=50$ mm、直径系列代号为 3） | 标记示例：
滚动轴承 30212 GB/T 297—2015
（圆锥滚子轴承、内径 $d=60$ mm、宽度系列代号为 0、直径系列代号为 3） | 标记示例：
滚动轴承 51305 GB/T 28697—2012
（推力球轴承、内径 $d=25$ mm、高度系列代号为 1、直径系列代号为 3）

轴承代号	d	D	B	轴承代号	d	D	B	C	T	轴承代号	d	D	T	d_1
尺寸系列[(0)2]				尺寸系列[02]						尺寸系列[12]				
6202	15	35	11	30203	17	40	12	11	13.25	51202	15	32	12	17
6203	17	40	12	30204	20	47	14	12	15.25	51203	17	35	12	19
6204	20	47	14	30205	25	52	15	13	16.25	51204	20	40	14	22
6205	25	52	15	30206	30	62	16	14	17.25	51205	25	47	15	27
6206	30	62	16	30207	35	72	17	15	18.25	51206	30	52	16	32
6207	35	72	17	30208	40	80	18	16	19.75	51207	35	62	18	37
6208	40	80	18	30209	45	85	19	16	20.75	51208	40	68	19	42
6209	45	85	19	30210	50	90	20	17	21.75	51209	45	73	20	47
6210	50	90	20	30211	55	100	21	18	22.75	51210	50	78	22	52
6211	55	100	21	30212	60	110	22	19	23.75	51211	55	90	25	57
6212	60	110	22	30213	65	120	23	20	24.75	51212	60	95	26	62
尺寸系列[(0)3]				尺寸系列[03]						尺寸系列[13]				
6302	15	42	13	30302	15	42	13	11	14.25	51304	20	47	18	22
6303	17	47	14	30303	17	47	14	12	15.25	51305	25	52	18	27
6304	20	52	15	30304	20	52	15	13	16.25	51306	30	60	21	32
6305	25	62	17	30305	25	62	17	15	18.25	51307	35	68	24	37
6306	30	72	19	30306	30	72	19	16	20.75	51308	40	78	26	42
6307	35	80	21	30307	35	80	21	18	22.75	51309	45	85	28	47
6308	40	90	23	30308	40	90	23	20	25.25	51310	50	95	31	52
6309	45	100	25	30309	45	100	25	22	27.25	51311	55	105	35	57
6310	50	110	27	30310	50	110	27	23	29.25	51312	60	110	35	62
6311	55	120	29	30311	55	120	29	25	31.50	51313	65	115	36	67
6312	60	130	31	30312	60	130	31	26	33.50	51314	70	125	40	72
尺寸系列[(0)4]				尺寸系列[13]						尺寸系列[14]				
6403	17	62	17	31305	25	62	17	13	18.25	51405	25	60	24	27
6404	20	72	19	31306	30	72	19	14	20.75	51406	30	70	28	32
6405	25	80	21	31307	35	80	21	15	22.75	51407	35	80	32	37
6406	30	90	23	31308	40	90	23	17	25.25	51408	40	90	36	42
6407	35	100	25	31309	45	100	25	18	27.25	51409	45	100	39	47
6408	40	110	27	31310	50	110	27	19	29.25	51410	50	110	43	52
6409	45	120	29	31311	55	120	29	21	31.50	51411	55	120	48	57
6410	50	130	31	31312	60	130	31	22	33.50	51412	60	130	51	62
6411	55	140	33	31313	65	140	33	23	36.00	51413	65	140	56	68
6412	60	150	35	31314	70	150	35	25	38.00	51414	70	150	60	73
6413	65	160	37	31315	75	160	37	26	40.00	51415	75	160	65	78

注：圆括号中的尺寸系列代号在轴承型号中省略。

附录3　常用的机械加工一般规范和零件的结构要素

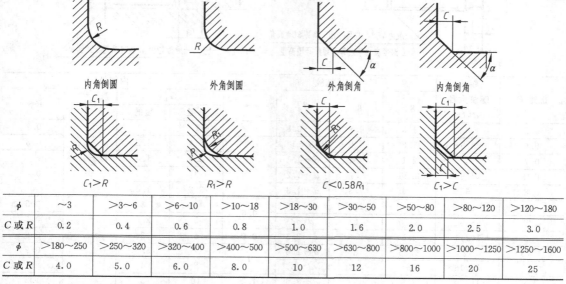

内角倒圆　　　外角倒圆　　　外角倒角　　　内角倒角

$C_1 > R$　　　$R_1 > R$　　　$C < 0.58R_1$　　　$C_1 > C$

ϕ	～3	>3～6	>6～10	>10～18	>18～30	>30～50	>50～80	>80～120	>120～180
C 或 R	0.2	0.4	0.6	0.8	1.0	1.6	2.0	2.5	3.0
ϕ	>180～250	>250～320	>320～400	>400～500	>500～630	>630～800	>800～1000	>1000～1250	>1250～1600
C 或 R	4.0	5.0	6.0	8.0	10	12	16	20	25

注：α 一般采用 45°，也可采用 30° 或 60°。

附表 14　回转面及端面砂轮越程槽（摘自 GB/T 6403.5—2008）　　　　mm

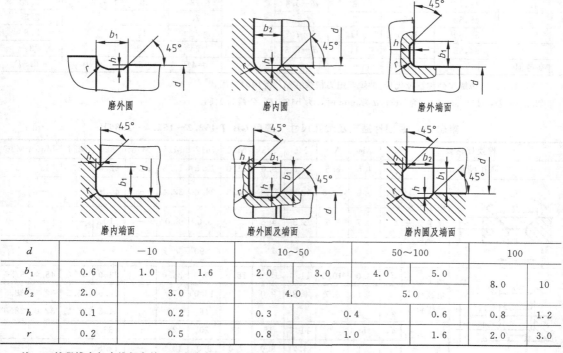

磨外圆　　　　磨内圆　　　　磨外端面

磨内端面　　　磨外圆及端面　　　磨内圆及端面

d		—10			10～50		50～100		100	
b_1	0.6	1.0	1.6	2.0	3.0	4.0	5.0	8.0	10
b_2	2.0		3.0		4.0		5.0			
h	0.1		0.2		0.3	0.4		0.6	0.8	1.2
r	0.2		0.5		0.8	1.0		1.6	2.0	3.0

注：1. 越程槽内与直线相交处，不允许产生尖角。

2. 越程槽深度 h 与圆弧半径 r 要满足 $r \leqslant 3h$。

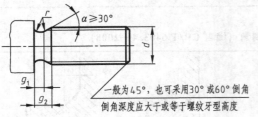

一般为45°，也可采用30°或60°倒角
倒角深度应大于或等于螺纹牙型高度

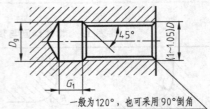

一般为120°，也可采用90°倒角

螺距 P	粗牙螺纹大径 d,D	外螺纹				内螺纹			
		g_2	g_1	d_g	$r\approx$	G_1 一般	G_1 短的	D_g	$R\approx$
0.5	3	1.5	0.8	$d-0.8$	0.2	2	1		0.2
0.6	3.5	1.8	0.9	$d-1$		2.4	1.2		0.3
0.7	4	2.1	1.1	$d-1.1$	0.4	2.8	1.4	$D+0.3$	
0.75	4.5	2.25	1.2	$d-1.2$		3	1.5		0.4
0.8	5	2.4	1.3	$d-1.3$		3.2	1.6		
1	6,7	3	1.6	$d-1.6$	0.6	4	2		0.5
1.25	8,9	3.75	2	$d-2$		5	2.5		0.6
1.5	10,11	4.5	2.5	$d-2.3$	0.8	6	3		0.8
1.75	12	5.25	3	$d-2.6$	1	7	3.5		0.9
2	14,16	6	3.4	$d-3$		8	4		1
2.5	18,20	7.5	4.4	$d-3.6$	1.2	10	5		1.2
3	24,27	9	5.2	$d-4.4$	1.6	12	6	$D+0.5$	1.5
3.5	30,33	10.5	6.2	$d-5$		14	7		1.8
4	36,39	12	7	$d-5.7$	2	16	8		2
4.5	42,45	13.5	8	$d-6.4$	2.5	18	9		2.2
5	48,52	15	9	$d-7$		20	10		2.5
5.5	56,60	17.5	11	$d-7.7$	3.2	22	11		2.8
6	64,68	18	11	$d-8.3$		24	12		3
参考值	—	$\approx 3P$				$=4P$	$=2P$	—	$\approx 0.5P$

注：1. d、D 为螺纹公称直径代号。"短"退刀槽仅在结构受限时采用。

2. d_g 公差：$d>3$mm 时，为 h13；$d\leqslant 3$mm 时，为 h12。D_g 公差为 H13。

附表 16　紧固件通孔及沉孔尺寸（摘自 GB/T 152.2～152.4—1988）　　　　mm

螺纹规格 d			M4	M5	M6	M8	M10	M12	M16	M18	M20	M24	M30	M36
通孔尺寸 d_1			4.5	5.5	6.6	9.0	11.0	13.5	17.5	20.0	22.0	26	33	39
用于沉头及半沉头螺钉	d_2		9.6	10.6	12.8	17.6	20.3	24.4	32.4	—	40.4	—	—	—
	$t\approx$		2.7	2.7	3.3	4.6	5.0	6.0	8.0	—	10			
	α							$90°^{-2°}_{-4°}$						
用于内六角圆柱头螺钉	d_2		8.0	10.0	11.0	15.0	18.0	20.0	26.0	—	33.0	40.0	48.0	57.0
	t		4.6	5.7	6.8	9.0	11.0	13.0	17.5	—	21.5	25.5	32.5	38.5
	d_3							16	20	—	21.5	25.5	32.0	38.0
用于开槽圆柱头螺钉	d_2		8	10	11.7	15	18	20	26		33			
	t		3.2	4	4.7	6.0	7.0	9.0	10.5		12.5			
	d_3		—	—	—	—	—	16	20		24			

用于六角头螺栓及六角螺母	d_2	10	11	13	18	22	26	33	36	40	48	61	71
	d_3	—	—	—	—	—	16	20	22	24	28	36	42
	t	只要能制出与通孔 d_1 的轴线垂直的圆平面即可											

附表 17　中心孔（摘自 GB/T 145—2001、GB/T 4459.5—1999）　　mm

	A 型（不带护锥）中心孔	B 型（带护锥）中心孔	C 型（带螺纹）中心孔	R 型（弧形）中心孔
形式及标记示例	GB/T 4459.5-A4/8.5 ($d=4, D=8.5$)	GB/T 4459.5-A4/8.5 ($d=4, D=8.5$)	GB/T 4459.5-A4/8.5 ($d=4, D=8.5$)	GB/T 4459.5-A4/8.5 ($d=4, D=8.5$)
用途	通常用于加工后可以保留的场合（此情况占大多数）	通常用于加工后必须要保留的场合	通常用于一些需要带压紧装置的零件	通常用于需要提高加工精度的场合

	要求	规定表示法	简化表示法	说明
中心孔表示法	在完工的零件上要求保留中心孔	GB/T 4459.5-B4/12.5	B4/12.5	采用 B 型中心孔 $d=4, D_2=12.5$
	在完工的零件上可以保留中心孔（是否保留都可以，绝大多数情况如此）	GB/T 4459.5-A2/4.25	A2/4.25	采用 A 型中心孔 $d=2, D=4.25$ 一般情况下，均采用这种方式
		2×A4/8.5 GB/T 4459.5	2×A4/8.5	采用 A 型中心孔 $d=4, D=8.5$ 同一轴的两端中心孔相同,可只在一端标出,但应注出其数量
	在完工的零件上不允许保留中心孔	GB/T 4459.5-A1.6/3.35	A1.6/3.35	采用 A 型中心孔 $d=1.6, D=3.35$

注：1. 对于标准中心孔，在图样中可不绘制其详细结构。

2. 在不致引起误解时，可省略标准编号。

附录 4　极限与配合

基本

基本尺寸/mm		上极限偏差（es）											极限偏差=±(ITn-1)/2，式中ITn是IT值数	IT5和IT6	IT7	IT8	IT4至IT7
		所有标准公差等级												j	j	j	
		a	b	c	cd	d	e	ef	f	fg	g	h					
—	3	−270	−140	−60	−34	−20	−14	−10	−6	−4	−2	0		−2	−4	−6	0
3	6	−270	−140	−70	−46	−30	−20	−14	−10	−6	−4	0		−2	−4	—	+1
6	10	−280	−150	−80	−56	−40	−25	−18	−13	−8	−5	0		−2	−5	—	+1
10	14	−290	−150	−95	—	−50	−32	—	−16	—	−6	0		−3	−6	—	+1
14	18																
18	24	−300	−160	−110	—	−65	−40	—	−20	—	−7	0		−4	−8	—	+2
24	30																
30	40	−310	−170	−120	—	−80	−50	—	−25	—	−9	0		−5	−10	—	+2
40	50	−320	−180	−130													
50	65	−340	−190	−140	—	−100	−60	—	−30	—	−10	0		−7	−12	—	+2
65	80	−360	−200	−150													
80	100	−380	−220	−170	—	−120	−72	—	−36	—	−12	0		−9	−15	—	+3
100	120	−410	−240	−180													
120	140	−460	−260	−200	—	−145	−85	—	−43	—	−14	0		−11	−18	—	+3
140	160	−520	−280	−210													
160	180	−580	−310	−230													
180	200	−660	−340	−240	—	−170	−100	—	−53	—	−15	0		−13	−21	—	+4
200	225	−740	−380	−260													
225	250	−820	−420	−280													
250	280	−920	−480	−300	—	−190	−110	—	−56	—	−17	0		−16	−26	—	+4
280	315	−1050	−540	−330													
315	355	−1200	−600	−360	—	−210	−125	—	−62	—	−18	0		−18	−28	—	+4
355	400	−1350	−680	−400													
400	450	−1500	−760	−440	—	−230	−135	—	−68	—	−20	0		−20	−32	—	+5
450	500	−1650	−840	−480													

注：1. 基本尺寸小于或等于 1 时，基本偏差 a 和 b 均不采用。

2. 公差带 js7 至 js11，若 ITn 值是奇数，则取极限偏差 = ±(ITn−1)/2。

偏差数值

下极限偏差(ei)

所有标准公差等级

k	m	n	p	r	s	t	u	v	x	y	z	za	zb	zc
0	+2	+4	+6	+10	+14	—	+18	—	+20	—	+26	+32	+40	+60
0	+4	+8	+12	+15	+19	—	+23	—	+28	—	+35	+42	+50	+80
0	+6	+10	+15	+19	+23	—	+28	—	+34	—	+42	+52	+67	+97
0	+7	+12	+18	+23	+28	—	+33	—	+40	—	+50	+64	+90	+130
								+39	+45	—	+60	+77	+108	+150
0	+8	+15	+22	+28	+35	—	+41	+47	+54	+63	+73	+98	+136	+188
						+41	+48	+55	+64	+75	+88	+118	+160	+218
0	+9	+17	+26	+34	+43	+48	+60	+68	+80	+94	+112	+148	+200	+274
						+54	+70	+81	+97	+114	+136	+180	+242	+325
0	+11	+20	+32	+41	+53	+66	+87	+102	+122	+144	+172	+226	+300	+405
				+43	+59	+75	+102	+120	+146	+174	+210	+274	+360	+480
0	+13	+23	+37	+51	+71	+91	+124	+146	+178	+214	+258	+335	+445	+585
				+54	+79	+104	+144	+172	+210	+254	+310	+400	+525	+690
0	+15	+27	+43	+63	+92	+122	+170	+202	+248	+300	+365	+470	+620	+800
				+65	+100	+134	+190	+228	+280	+340	+415	+535	+700	+900
				+68	+108	+146	+210	+252	+310	+380	+465	+600	+780	+1000
0	+17	+31	+50	+77	+122	+166	+236	+284	+350	+425	+520	+670	+880	+1150
				+80	+130	+180	+258	+310	+385	+470	+575	+740	+960	+1250
				+84	+140	+196	+284	+340	+425	+520	+640	+820	+1050	+1350
0	+20	+34	+56	+94	+158	+218	+315	+385	+475	+580	+710	+920	+1200	+1550
				+98	+170	+240	+350	+425	+525	+650	+790	+1000	+1300	+1700
0	+21	+37	+62	+108	+190	+268	+390	+475	+590	+730	+900	+1150	+1500	+1900
				+114	+208	+294	+435	+530	+660	+820	+1000	+1300	+1650	+2100
0	+23	+40	+68	+126	+232	+330	+490	+595	+740	+920	+1100	+1450	+1850	+2400
				+132	+252	+360	+540	+660	+820	+1000	+1250	+1600	+2100	+2600

基本偏差

大于	至	A	B	C	CD	D	E	EF	F	FG	G	H	J IT6	J IT7	J ≤T8	K ≤IT8	K >IT8	M ≤IT8	M >IT8	N ≤T8	N >IT8
—	3	+270	+140	+60	+34	+20	+14	+10	+6	+4	+2	0	+2	+4	+6	0	0	−2	−2	−4	−4
3	6	+270	+140	+70	+46	+30	+20	+14	+10	+6	+4	0	+5	+6	+10	−1+Δ	—	−4+Δ	−4	−8+Δ	0
6	10	+280	+150	+80	+56	+40	+25	+18	+13	+8	+5	0	+5	+8	+12	−1+Δ	—	−6+Δ	−6	−10+Δ	0
10	14	+290	+150	+95	—	+50	+32	—	+16	—	+6	0	+6	+10	+15	−1+Δ	—	−7+Δ	−7	−12+Δ	0
14	18	+290	+150	+95	—	+50	+32	—	+16	—	+6	0	+6	+10	+15	−1+Δ	—	−7+Δ	−7	−12+Δ	0
18	24	+300	+160	+110	—	+65	+40	—	+20	—	+7	0	+8	+12	+20	−2+Δ	—	−8+Δ	−8	−15+Δ	0
24	30	+300	+160	+110	—	+65	+40	—	+20	—	+7	0	+8	+12	+20	−2+Δ	—	−8+Δ	−8	−15+Δ	0
30	40	+310	+170	+120	—	+80	+50	—	+25	—	+9	0	+10	+14	+24	−2+Δ	—	−9+Δ	−9	−17+Δ	0
40	50	+320	+180	+130	—	+80	+50	—	+25	—	+9	0	+10	+14	+24	−2+Δ	—	−9+Δ	−9	−17+Δ	0
50	65	+340	+190	+140	—	+100	+60	—	+30	—	+10	0	+13	+18	+28	−2+Δ	—	−11+Δ	−11	−20+Δ	0
65	80	+360	+200	+150	—	+100	+60	—	+30	—	+10	0	+13	+18	+28	−2+Δ	—	−11+Δ	−11	−20+Δ	0
80	100	+380	+220	+170	—	+120	+72	—	+36	—	+12	0	+16	+22	+34	−3+Δ	—	−13+Δ	−13	−23+Δ	0
100	120	+410	+240	+180	—	+120	+72	—	+36	—	+12	0	+16	+22	+34	−3+Δ	—	−13+Δ	−13	−23+Δ	0
120	140	+460	+260	+200	—	+145	+85	—	+43	—	+14	0	+18	+26	+41	−3+Δ	—	−15+Δ	−15	−27+Δ	0
140	160	+520	+280	+210	—	+145	+85	—	+43	—	+14	0	+18	+26	+41	−3+Δ	—	−15+Δ	−15	−27+Δ	0
160	180	+580	+310	+230	—	+145	+85	—	+43	—	+14	0	+18	+26	+41	−3+Δ	—	−15+Δ	−15	−27+Δ	0
180	200	+660	+340	+240	—	+170	+100	—	+50	—	+15	0	+22	+30	+47	−4+Δ	—	−17+Δ	−17	−31+Δ	0
200	225	+740	+380	+260	—	+170	+100	—	+50	—	+15	0	+22	+30	+47	−4+Δ	—	−17+Δ	−17	−31+Δ	0
225	250	+820	+420	+280	—	+170	+100	—	+50	—	+15	0	+22	+30	+47	−4+Δ	—	−17+Δ	−17	−31+Δ	0
250	280	+920	+480	+300	—	+190	+110	—	+56	—	+17	0	+25	+36	+55	−4+Δ	—	−20+Δ	−20	−34+Δ	0
280	315	+1050	+540	+330	—	+190	+110	—	+56	—	+17	0	+25	+36	+55	−4+Δ	—	−20+Δ	−20	−34+Δ	0
315	355	+1200	+600	+360	—	+210	+125	—	+62	—	+18	0	+29	+39	+60	−4+Δ	—	−21+Δ	−21	−37+Δ	0
355	400	+1350	+680	+400	—	+210	+125	—	+62	—	+18	0	+29	+39	+60	−4+Δ	—	−21+Δ	−21	−37+Δ	0
400	450	+1500	+760	+440	—	+230	+135	—	+68	—	+20	0	+33	+43	+66	−5+Δ	—	−23+Δ	−23	−40+Δ	0
450	500	+1650	+840	+480	—	+230	+135	—	+68	—	+20	0	+33	+43	+66	−5+Δ	—	−23+Δ	−23	−40+Δ	0

说明：基本尺寸/mm；下极偏差（EI）适用于所有标准公差等级；右侧 J 列分 IT6、IT7、≤IT8 三栏，K、M 列分 ≤IT8、>IT8 两栏，N 列分 ≤IT8、>IT8 两栏。（JS 列）极限偏差=±(ITn−1)/2，式中 ITn 是 IT 值数。

注：1. 基本尺寸小于或等于 1 时，基本偏差 A 和 B 及大于 IT8 的 N 均不采用。

2. 公差带 JS7 至 JS11，若 ITn 值数是奇数，则取极限偏差=±(ITn−1)/2。

3. 对小于或等于 IT8 的 K、M、N 和小于或等于 IT7 的 P 至 ZC，所需 Δ 值从表内右侧选取。例如：18～30 段的 K7：Δ=8μm，所以 ES=(−2+8)μm=+6μm；18～30 段的 S6：Δ=4μm，所以 ES=(−35+4)μm=−31μm

4. 特殊情况：250～315 段的 M6，ES=−9μm（代替−11μm）

数值

				上极限偏差（ES）								Δ 值					
≤IT7				所有标准公差等级								标准公差等级					
P	R	S	T	U	V	X	Y	Z	ZA	ZB	ZC	IT3	IT4	IT5	IT6	IT7	IT8
−6	−10	−14	—	−18	—	−20	—	−32	−40	−60	0	0	0	0	0	0	0
−12	−15	−19	—	−23	—	−28	—	−35	−42	−50	−80	1	1.5	1	3	4	6
−15	−19	−23	—	−28	—	−34	—	−42	−52	−67	−97	1	1.5	2	3	6	7
−18	−23	−28	—	−33	—	−40	—	−50	−64	−90	−130	1	2	3	3	7	9
					−39	−45	—	−60	−77	−108	−150						
−22	−28	−35	—	−41	−47	−54	−63	−73	−98	−136	−188	1.5	2	3	4	8	12
			−41	−48	−55	−64	−75	−88	−118	−160	−218						
−26	−34	−43	−48	−60	−68	−80	−94	−112	−148	−200	−274	1.5	3	4	5	9	14
			−54	−70	−81	−97	−114	−136	−180	−242	−325						
−32	−41	−53	−66	−87	−102	−122	−144	−172	−226	−300	−405	2	3	5	6	11	16
	−43	−59	−75	−102	−120	−146	−174	−210	−274	−360	−480						
−37	−51	−71	−91	−124	−146	−178	−214	−258	−335	−445	−585	2	4	5	7	13	19
	−54	−79	−104	−144	−172	−210	−254	−310	−400	−525	−690						
−43	−63	−92	−122	−170	−202	−248	−300	−365	−470	−620	−800	3	4	6	7	15	23
	−65	−100	−134	−190	−228	−280	−340	−415	−535	−700	−900						
	−68	−108	−146	−210	−252	−310	−380	−465	−600	−780	−1000						
−50	−77	−122	−166	−236	−284	−350	−425	−520	−670	−880	−1150	3	4	6	9	17	26
	−80	−130	−180	−258	−310	−385	−470	−575	−740	−960	−1250						
	−84	−140	−196	−284	−340	−425	−520	−640	−820	−1050	−1350						
−56	−94	−158	−218	−315	−385	−475	−580	−710	−920	−1200	−1550	4	4	7	9	20	29
	−98	−170	−240	−350	−425	−525	−650	−790	−1000	−1300	−1700						
−62	−108	−190	−268	−390	−475	−590	−730	−900	−1150	−1500	−1900	4	5	7	11	21	32
	−114	−208	−294	−435	−530	−660	−820	−1000	−1300	−1650	−2100						
−68	−126	−232	−330	−490	−595	−740	−920	−1100	−1450	−1850	−2400	5	5	7	13	23	34
	−132	−252	−360	−540	−660	−820	−1000	−1250	−1600	−2100	−2600						

在大于IT7的相应数值上增加一个Δ值

代号	a	b	c	d	e	f	g	h					
公称尺寸/mm													公
大于　至	11	11	11	9	8	7	6	5	6	7	8	9	10
—　3	-270 -330	-140 -200	-60 -120	-20 -45	-14 -28	-6 -16	-2 -8	0 -4	0 -6	0 -10	0 -14	0 -25	0 -40
3　6	-270 -345	-140 -215	-70 -145	-30 -60	-20 -38	-10 -22	-4 -12	0 -5	0 -8	0 -12	0 -18	0 -30	0 -48
6　10	-280 -370	-150 -240	-80 -170	-40 -76	-25 -47	-13 -28	-5 -14	0 -6	0 -9	0 -15	0 -22	0 -36	0 -58
10　14	-290 -400	-150 -260	-95 -205	-50 -93	-32 -59	-16 -34	-6 -17	0 -8	0 -11	0 -18	0 -27	0 -43	0 -70
14　18													
18　24	-300 -430	-160 -290	-110 -240	-65 -117	-40 -73	-20 -41	-7 -20	0 -9	0 -13	0 -21	0 -33	0 -52	0 -84
24　30													
30　40	-310 -470	-170 -330	-120 -280	-80 -142	-50 -89	-25 -50	-9 -25	0 -11	0 -16	0 -25	0 -39	0 -62	0 -100
40　50	-320 -480	-180 -340	-130 -290										
50　65	-340 -530	-190 -380	-140 -330	-100 -174	-60 -106	-30 -60	-10 -29	0 -13	0 -19	0 -30	0 -46	0 -74	0 -120
65　80	-360 -550	-200 -390	-150 -340										
80　100	-380 -600	-220 -440	-170 -390	-120 -207	-72 -126	-36 -71	-12 -34	0 -15	0 -22	0 -35	0 -54	0 -87	0 -140
100　120	-410 -630	-240 -460	-180 -400										
120　140	-460 -710	-260 -510	-200 -450	-145 -245	-85 -148	-43 -83	-14 -39	0 -18	0 -25	0 -40	0 -63	0 -100	0 -160
140　160	-520 -770	-280 -530	-210 -460										
160　180	-580 -830	-310 -560	-230 -480										
180　200	-660 -950	-340 -630	-240 -530	-170 -285	-100 -172	-50 -96	-15 -44	0 -20	0 -29	0 -46	0 -72	0 -115	0 -185
200　225	-740 -1030	-380 -670	-260 -550										
225　250	-820 -1110	-420 -710	-280 -670										
250　280	-920 -1240	-480 -800	-300 -620	-190 -320	-110 -191	-56 -108	-17 -49	0 -23	0 -32	0 -52	0 -81	0 -130	0 -210
280　315	-1050 -1370	-540 -860	-330 -650										
315　335	-1200 -1560	-600 -960	-360 -720	-210 -350	-125 -214	-62 -119	-18 -54	0 -25	0 -36	0 -57	0 -89	0 -140	0 -230
335　400	-1350 -1710	-680 -1040	-400 -760										
400　450	-1500 -1900	-760 -1160	-440 -840	-230 -385	-135 -232	-68 -131	-20 -60	0 -27	0 -40	0 -63	0 -97	0 -155	0 -250
450　500	-1650 -2050	-840 -1240	-480 -800										

偏差（摘自 GB/T 1800.2—2009）　　　　　　　　　　　　　　　　　　　　　　μm

差

11	12	js	k	m	n	p	r	s	t	u	v	x	y	z
		6	6	6	6	6	6	6	6	6	6	6	6	6
0 −60	0 −100	±3	+6 0	+8 +2	+10 +4	+12 +6	+16 +10	+20 +14	—	+24 +18	—	+26 +20	—	+32 +26
0 −75	0 −120	±4	+9 +1	+12 +4	+16 +8	+20 +12	+23 +15	+27 +19	—	+31 +23	—	+36 +28	—	+43 +35
0 −90	0 −150	±4.5	+10 +1	+15 +6	+19 +10	+24 +15	+28 +19	+32 +23	—	+37 +28	—	+43 +34	—	+51 +42
0 −110	0 −180	±5.5	+12 +1	+18 +7	+23 +12	+29 +18	+34 +23	+39 +28	—	+44 +33	—	+51 +40	—	+61 +50
											+50 +39	+56 +45		+71 +60
0 −130	0 −210	±6.5	+15 +2	+21 +8	+28 +15	+35 +22	+41 +28	+48 +35	—	+54 +41	+60 +47	+67 +54	+76 +63	+86 +73
									+54 +41	+61 +48	+68 +55	+77 +64	+88 +75	+88 +75
0 −160	0 −250	±8	+18 +2	+25 +9	+33 +17	+42 +26	+50 +34	+59 +43	+64 +48	+76 +60	+84 +68	+96 +80	+110 +94	+128 +112
									+70 +54	+86 +70	+97 +81	+113 +97	+130 +114	+152 +136
0 −190	0 −300	±9.5	+21 +2	+30 +11	+39 +20	+51 +32	+60 +41	+72 +53	+85 +66	+106 +87	+121 +102	+141 +122	+163 +144	+191 +172
							+62 +43	+78 +59	+94 +75	+121 +102	+139 +120	+165 +146	+193 +174	+229 +210
0 −220	0 −350	±11	+25 +3	+35 +13	+45 +23	+59 +37	+73 +51	+93 +71	+113 +91	+146 +124	+168 +146	+200 +178	+236 +214	+280 +258
							+76 +54	+101 +79	+126 +104	+166 +144	+194 +172	+232 +210	+276 +254	+332 +310
0 −250	0 −400	±12.5	+28 +3	+40 +15	+52 +27	+68 +43	+88 +63	+117 +92	+147 +122	+195 +170	+227 +202	+273 +248	+325 +300	+390 +365
							+90 +65	+125 +100	+159 +134	+215 +190	+253 +228	+305 +280	+365 +340	+440 +415
							+93 +68	+133 +108	+171 +146	+235 +210	+277 +252	+335 +310	+405 +380	+490 +465
0 −290	0 −460	±14.5	+33 +4	+46 +17	+60 +31	+79 +50	+106 +77	+151 +122	+195 +166	+265 +236	+313 +284	+379 +350	+454 +425	+549 +520
							+109 +80	+159 +130	+209 +180	+287 +258	+339 +310	+414 +385	+499 +470	+604 +575
							+113 +84	+169 +140	+225 +196	+313 +284	+369 +340	+454 +425	+549 +520	+669 +640
0 −320	0 −520	±16	+36 +4	+52 +20	+66 +34	+88 +56	+126 +94	+190 +158	+250 +218	+347 +315	+417 +385	+507 +475	+612 +580	+742 +710
							+130 +98	+202 +170	+272 +240	+382 +350	+457 +425	+557 +525	+682 +650	+822 +790
0 −360	0 −570	±18	+40 +4	+57 +21	+73 +37	+98 +62	+144 +108	+226 +190	+304 +268	+426 +390	+511 +475	+626 +590	+766 +730	+936 +900
							+150 +114	+244 +208	+330 +294	+471 +435	+566 +530	+696 +660	+856 +820	+1036 +1000
0 −400	0 −630	±20	+45 +5	+63 +23	+80 +40	+108 +68	+166 +126	+272 +232	+370 +330	+530 +490	+635 +595	+780 +740	+960 +920	+1140 +1100
							+172 +132	+292 +252	+400 +360	+580 +540	+700 +660	+860 +820	+1040 +1000	+1290 +1250

代号 公称尺寸/mm		A	B	C	D	E	F	G	H					公
大于	至	11	11	11	9	8	8	7	6	7	8	9	10	11
—	3	+330 / +270	+200 / +140	+120 / +60	+45 / +20	+28 / +14	+20 / +6	+12 / +2	+6 / 0	+10 / 0	+14 / 0	+25 / 0	+40 / 0	+60 / 0
3	6	+345 / +270	+215 / +140	+145 / +70	+60 / +30	+38 / +20	+28 / +10	+16 / +4	+8 / 0	+12 / 0	+18 / 0	+30 / 0	+48 / 0	+75 / 0
6	10	+370 / +280	+240 / +150	+170 / +80	+76 / +40	+47 / +25	+35 / +13	+20 / +5	+9 / 0	+15 / 0	+22 / 0	+36 / 0	+58 / 0	+90 / 0
10	14	+400 / +290	+260 / +150	+205 / +95	+93 / +50	+59 / +32	+43 / +16	+24 / +6	+11 / 0	+18 / 0	+27 / 0	+43 / 0	+70 / 0	+110 / 0
14	18													
18	24	+430 / +300	+290 / +160	+240 / +110	+117 / +65	+73 / +40	+53 / +20	+28 / +7	+13 / 0	+21 / 0	+33 / 0	+52 / 0	+84 / 0	+130 / 0
24	30													
30	40	+470 / +310	+330 / +170	+280 / +120	+142 / +80	+89 / +50	+64 / +25	+34 / +9	+16 / 0	+25 / 0	+39 / 0	+62 / 0	+100 / 0	+160 / 0
40	50	+480 / +320	+340 / +180	+290 / +130										
50	65	+530 / +340	+380 / +190	+330 / +140	+174 / +100	+106 / +60	+76 / +30	+40 / +10	+19 / 0	+30 / 0	+46 / 0	+74 / 0	+120 / 0	+190 / 0
65	80	+550 / +360	+390 / +200	+340 / +150										
80	100	+600 / +380	+440 / +220	+390 / +170	+207 / +120	+125 / +72	+90 / +36	+47 / +12	+22 / 0	+35 / 0	+54 / 0	+87 / 0	+140 / 0	+220 / 0
100	120	+630 / +410	+460 / +240	+400 / +180										
120	140	+710 / +460	+510 / +260	+450 / +200	+245 / +145	+148 / +85	+106 / +43	+54 / +14	+25 / 0	+40 / 0	+63 / 0	+100 / 0	+160 / 0	+250 / 0
140	160	+770 / +520	+530 / +280	+460 / +210										
160	180	+830 / +580	+560 / +310	+480 / +230										
180	200	+950 / +660	+630 / +340	+530 / +240	+285 / +170	+172 / +100	+122 / +50	+61 / +15	+29 / 0	+46 / 0	+72 / 0	+115 / 0	+185 / 0	+290 / 0
200	225	+1030 / +740	+670 / +380	+550 / +260										
225	250	+1110 / +820	+710 / +420	+570 / +280										
250	280	+1240 / +920	+800 / +480	+620 / +300	+320 / +190	+191 / +110	+137 / +56	+69 / +17	+32 / 0	+52 / 0	+21 / 0	+130 / 0	+210 / 0	+320 / 0
280	315	+1370 / +1050	+860 / +540	+650 / +330										
315	355	+1560 / +1200	+960 / +600	+720 / +360	+350 / +210	+214 / +125	+151 / +62	+75 / +18	+36 / 0	+57 / 0	+29 / 0	+140 / 0	+230 / 0	+360 / 0
355	400	+1700 / +1350	+1040 / +680	+760 / +400										
400	450	+1900 / +1500	+1160 / +760	+840 / +440	+385 / +230	+232 / +135	+165 / +68	+83 / +20	+40 / 0	+63 / 0	+97 / 0	+155 / 0	+250 / 0	+400 / 0
450	500	+2050 / +1650	+1240 / +840	+880 / +480										

偏差（摘自 GB/T 1800.2—2009）

μm

差	JS		K			M	N		P		R	S	T	U
12	6	7	6	7	8	7	6	7	6	7	7	7	7	7
+100 / 0	±3	±5	0 / −6	0 / −10	0 / −14	−2 / −12	−4 / −10	−4 / −14	−6 / −12	−6 / −16	−10 / −20	−14 / −24	—	−18 / −28
+120 / 0	±4	±6	+2 / −6	+3 / −9	+5 / −13	0 / −12	−5 / −13	−4 / −16	−9 / −17	−8 / −20	−11 / −23	−15 / −27	—	−19 / −31
+150 / 0	±4.5	±7	+2 / −7	+5 / −10	+6 / −16	0 / −15	−7 / −16	−4 / −19	−12 / −21	−9 / −24	−13 / −28	−17 / −32	—	−22 / −37
+180 / 0	±5.5	±9	+2 / −9	+6 / −12	+8 / −19	0 / −18	−9 / −20	−5 / −23	−15 / −26	−11 / −29	−16 / −34	−21 / −39		−26 / −44
+210 / 0	±6.5	±10	+2 / −11	+6 / −15	+10 / −23	0 / −21	−11 / −24	−7 / −28	−18 / −31	−14 / −35	−20 / −41	−27 / −48	—	−33 / −54
													−33 / −54	−40 / −61
+250 / 0	±8	±12	+3 / −13	+7 / −18	+12 / −27	0 / −25	−12 / −28	−8 / −33	−21 / −37	−17 / −42	−25 / −50	−34 / −59	−39 / −64	−51 / −76
													−45 / −70	−61 / −86
+300 / 0	±9.5	±15	+4 / −15	+9 / −21	+14 / −32	0 / −30	−14 / −33	−9 / −39	−26 / −45	−21 / −51	−30 / −60	−42 / −72	−55 / −85	−76 / −106
											−32 / −62	−48 / −78	−64 / −94	−91 / −121
+350 / 0	±11	±17	+4 / −18	+10 / −25	+16 / −38	0 / −35	−16 / −38	−10 / −45	−30 / −52	−24 / −59	−38 / −73	−58 / −93	−78 / −113	−111 / −146
											−41 / −76	−66 / −101	−91 / −126	−131 / −166
+400 / 0	±12.5	±20	+4 / −21	+12 / −28	+20 / −43	0 / −40	−20 / −45	−12 / −52	−36 / −61	−28 / −68	−48 / −88	−77 / −117	−107 / −147	−155 / −195
											−50 / −90	−85 / −125	−119 / −159	−175 / −215
											−53 / −93	−93 / −133	−131 / −171	−195 / −235
+460 / 0	±14.5	±23	+5 / −24	+13 / −33	+22 / −50	0 / −46	−22 / −51	−14 / −60	−41 / −70	−33 / −79	−60 / −106	−105 / −151	−149 / −195	−219 / −265
											−63 / −109	−151 / −159	−195 / −209	−26 / −287
											−67 / −113	−113 / −169	−179 / −225	−267 / −313
+520 / 0	±16	±26	+5 / −27	+16 / −36	+25 / −56	0 / −52	−25 / −57	−14 / −66	−47 / −79	−36 / −80	−74 / −126	−138 / −190	−198 / −250	−295 / −347
											−78 / −130	−159 / −202	−220 / −272	−330 / −382
+570 / 0	±18	±28	+7 / −29	+17 / −40	+28 / −61	0 / −57	−26 / −62	−16 / −73	−51 / −87	−41 / −98	−87 / −144	−169 / −226	−247 / −304	−369 / −426
											−93 / −150	−187 / −244	−273 / −330	−414 / −471
+630 / 0	±20	±31	+8 / −32	+18 / −45	+29 / −68	0 / −63	−27 / −67	−17 / −80	−55 / −95	−45 / −108	−103 / −166	−209 / −272	−307 / −370	−467 / −530
											−109 / −172	−229 / −292	−337 / −400	−517 / −580

参考文献

[1] 机械设计手册编委会.机械设计手册.北京：机械工业出版社，2008.

[2] 马德成.机械制图与识图范例手册.北京：化学工业出版社，2016.

[3] 胡建生.机械制图（多学时）.3版.北京：机械工业出版社，2009.

[4] 孙兰凤，等.工程制图.北京：高等教育出版社，2010.

[5] 肖莉.机械制图.2版.北京：化学工业出版社，2019.

[6] 马希青.机械制图.北京：高等教育出版社，2015.

[7] 王慧，刘鹏.机械制图.北京：机械工业出版社，2012.

[8] 王彦华.机械制图.2版.北京：化学工业出版社，2010.